彩绘注音版新课标必读文学名著

森林报·夏

[苏] 维塔利·瓦连季诺维奇·比安基　著

胡媛媛　编

广东旅游出版社

GUANGDONG TRAVEL & TOURISM PRESS

中国·广州

图书在版编目（ＣＩＰ）数据

森林报.夏 /(苏) 维塔利·瓦连季诺维奇·比安基著; 胡媛媛编.——
广州:广东旅游出版社,2016.12
（彩绘注音版新课标必读文学名著）
ISBN 978-7-5570-0598-6

Ⅰ.①森… Ⅱ.①维… ②胡… Ⅲ.①森林 – 青少年读物 Ⅳ.①S7–49

中国版本图书馆 CIP 数据核字(2016)第 240447 号

总　策　划：罗艳辉
责任编辑：贾占闯
责任技编：刘振华
责任校对：李瑞苑

森林报 · 夏
SENLINBAO. XIA

广东旅游出版社出版发行
（广州市越秀区建设街道环市东路 338 号银政大厦西楼 12 楼　邮编：510030）
邮购电话：020-87348243
广东旅游出版社图书网
www.tourpress.cn
湖北楚天传媒印务有限责任公司
（湖北省武汉市东湖新技术开发区流芳园横路 1 号　邮编：430205）
880 毫米 × 1230 毫米　32 开　4.5 印张　55 千字
2016 年 12 月第 1 版第 1 次印刷
定价：12.80 元

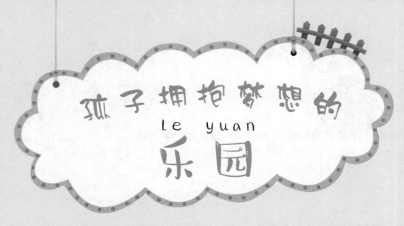

孩子拥抱梦想的

le yuan

乐园

孩子的心灵是最纯真的,他们对世界充满了好奇,充满了幻想。年轻的父母们,在孩子成长的过程中,你们用什么满足他们的好奇心,使他们的梦想绚丽多彩？用什么为他们纯洁的心灵注入真善美,使他们的内心充满爱？

请让孩子阅读《彩绘注音版新课标必读文学名著》吧！

在这套《彩绘注音版新课标必读文学名著》里,有影响中外几代人的、闪耀着真善美光环的传世名作,有能满足好奇心、激励探索精神的智慧宝库,还有蕴藏中华民族文化内涵的、陶冶情操的传统经典。

为了帮助孩子更好地理解、吸纳作品的精华,协助家长更好地引导孩子阅读名著,我们会陪你一起思考,伴你一起欣赏,与你一起分享作品带来的愉悦。

《彩绘注音版新课标必读文学名著》,为孩子们点燃心灵之烛,照亮成长之路！

CONTENTS/目 录

搭窝月（夏一月）
dā wō yuè xià yī yuè

各居其屋
gè jū qí wū

xiàn zài fū xiǎo niǎo de jì jié dào le sēn lín
现在，孵小鸟的季节到了。森林
zhōng de měi gè jū mín dōu gěi zì jǐ zào le wū zi jì
中的每个居民都给自己造了屋子。记
zhě jué dìng qù liǎo jiě yī xià nà xiē fēi qín zǒu shòu
者决定去了解一下：那些飞禽走兽、
yú hé kūn chóng dōu jū zhù zài nǎ xiē dì fang tā men shēng
鱼和昆虫都居住在哪些地方？它们生
huó de yòu zěn yàng
活得又怎样？

开门见山，提出问题，引起读者阅读兴趣。

美丽的住房
měi lì de zhù fáng

xiàn zài zhěng gè dà sēn lín měi gè jiǎo luò dōu
现在，整个大森林，每个角落都
méi yǒu kòng zhe wú lùn shén me dì fang dōu yǐ jīng zhù
没有空着。无论什么地方，都已经住

满了。地上、地下、水上、水
下、树枝上、树干中、草丛里、
半空中等全都住满了。聪明的黄鹂
把住房盖在半空中。它盖房用的是
大麻、草茎和毛发，编成的住房非
常轻巧，像一个小篮子一样，只要
把它高高地挂在白桦树枝上就行了。
小住房里还有黄鹂的蛋。真是让人
惊奇，在风吹动树枝的时候，蛋却
不会打破。百灵、林鹨、鸲
和许多别的鸟把住房搭
在草丛里。我们记者
最喜欢篱莺的

窝。它的窝是用干草和干苔做成的，
还有棚顶，门就开在侧边。

鼯鼠（松鼠的一种，在脚趾中间
有一层薄膜相接）、木蠹贼、小蠹虫、
啄木鸟、山雀、椋鸟、猫头鹰和许多
其他的鸟在树洞里盖房子。鼹鼠、田
鼠、獾、灰沙燕、翠鸟和各种各样的
昆虫在地底下修建住宅。一种潜水
鸟，它的巢漂浮在水面上，用沼泽地
里的杂草、芦苇和水藻搭建而成。生
活在这只漂浮的巢里，好像乘着船一
样，自在地在湖面上来回漂荡。河槽
子和银色水蜘蛛在水底下建小房子。

居然还有浮在水面上的鸟巢，潜水鸟的智慧真是令人惊叹。

最好的住房

我们的记者希望找到一所最好的

住房。当然，要找出一所最佳的住房，是有一定难度的！

每只鸟的巢都是根据自身需要来量身定做的。

雕用粗树枝搭巢，面积最大，搁在粗大的松树上。黄头戴菊鸟的巢最小，仅仅小拳头那么大，还好它自己的身子还没有蜻蜓大。田鼠的住房设计得最有特点，有很多前门、后门和安全门。不管你花费多大力气，也休想在它的房间里捉到它。卷叶象鼻虫是一种带长吻的甲虫，它的住房是最精美的，它咬掉了白桦树叶的叶脉，等到叶子枯萎的时候，就把叶子卷成圆柱形，再用唾液粘牢固。雌卷叶象

介绍了卷叶象鼻虫建造住房的方式。

鼻虫就在这个精美的小房子里孕育后代。戴领带的勾嘴鹬和夜游神夜莺的住房是最简陋的。勾嘴鹬直接就把四个蛋产在小河边的沙滩上，夜莺把蛋

产在小坑里或者树下的枯叶堆里面。它们不愿花力气去造房子。反舌鸟是篱莺的一种，对模仿人的声音和其他鸟的叫声很专业。它们的小住房是最漂亮的。小巢搭在白桦树枝上，由苔藓和薄薄的桦树皮做成。在别墅的花园里，它还捡到人们丢掉的彩色卡片，把它们编在巢上用作装饰。长尾巴山雀的小住房是最舒适的。因为它的身材就像一只盛汤用的勺子，所以它还叫作汤勺雀。巢的里层是用绒毛、羽毛和兽毛做成的，外层用苔藓粘牢。整个巢是圆形的，有点像小南瓜。一个小圆门，修在巢的正中间。河楹子幼虫的小房子是最轻巧的。河楹子是有翅膀的昆虫。当它们不飞行的时候，翅膀便收起来，盖在背上，正好能覆

反舌鸟为了打造自己漂亮的住房，会去捡彩色卡片作为装饰。

为了自己舒适的小巢，长尾巴山雀也是煞费苦心。

燕子姐姐和你一起分享

介绍了河榧子幼虫建窝的过程。

盖全身。河榧子的幼虫的翅膀还没长出来，赤裸着身体，没东西遮挡身体。它们生活在小河和小溪底。河榧子的幼虫先寻找到和自己的脊背差不多长的细树枝和芦苇，然后把做成的小圆筒状的沙泥糊在上面，接着倒爬进去。这很方便：全身藏进小圆筒里，在里面踏实地好好休息一下，没有人会看到它；或者，在河底，伸出前脚，扛着小房子，爬上一会儿。这所小住房很轻。有一只河榧子的幼虫，在河底，找到了一支被扔掉的香烟，于是钻了进去，

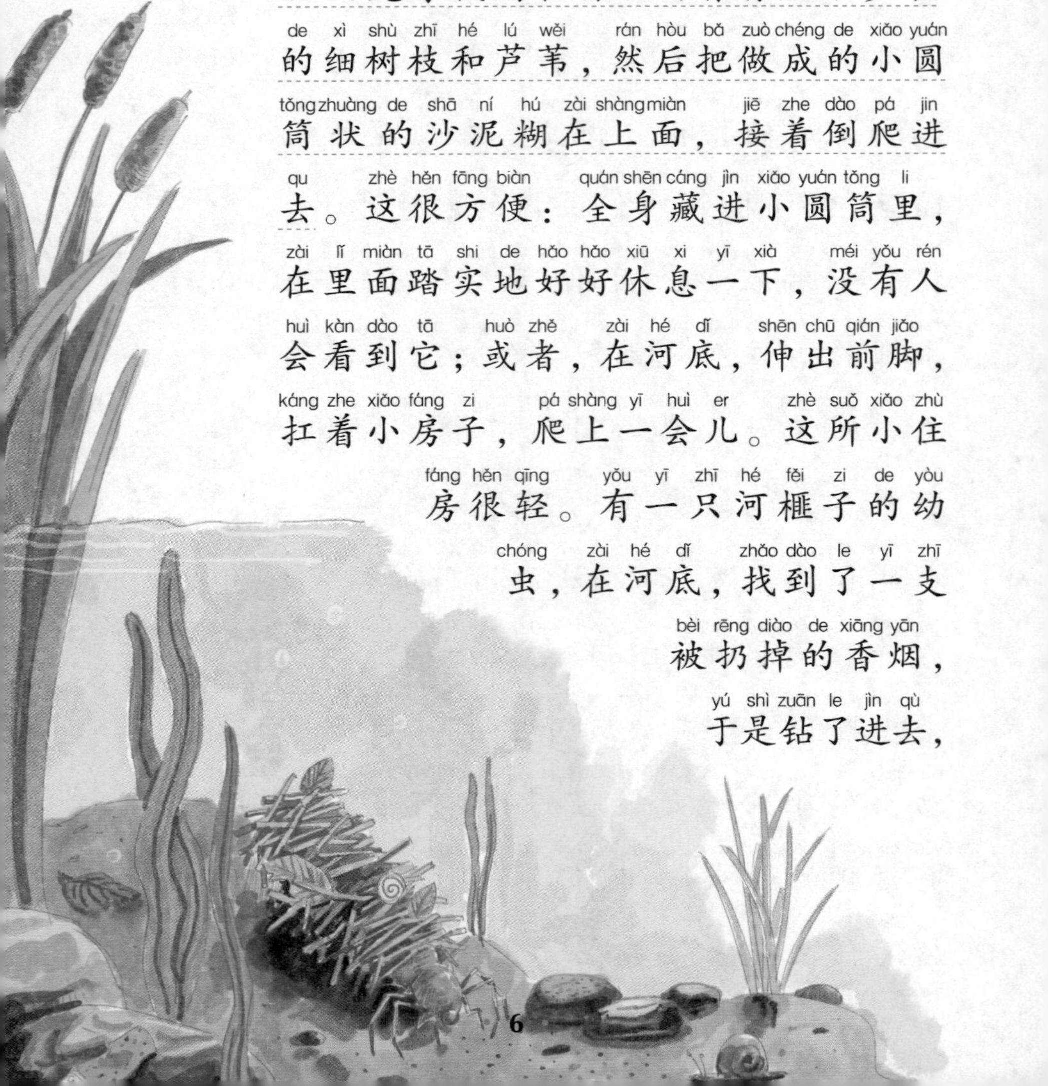

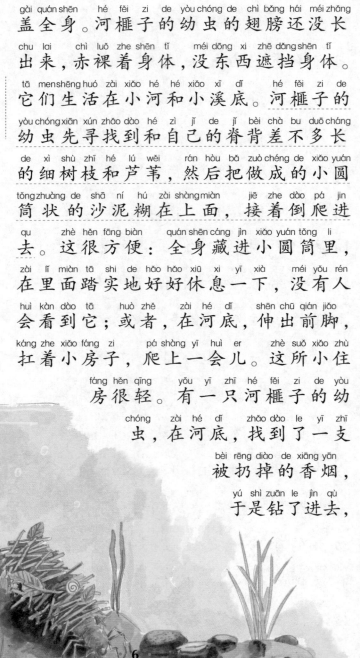

dài zhe tā dào chù yóu wán yín sè shuǐ zhī zhū de zhù fáng
带着它到处游玩。银色水蜘蛛的住房
zuì yǔ zhòng bù tóng zài shuǐ dǐ xia de shuǐ cǎo jiān tā
最与众不同。在水底下的水草间，它
xiān pū le yī zhāng zhī zhū wǎng jiē zhe fú dào shuǐ miàn
先铺了一张蜘蛛网，接着浮到水面，
yòng máo róng róng de dù pí shōu jí yī xiē qì pào fàng dào
用毛茸茸的肚皮收集一些气泡，放到
zhī zhū wǎng de xià bian shuǐ zhī zhū jiù shēng huó zài zhè ge
蜘蛛网的下边。水蜘蛛就生活在这个
kōng qì liú tōng de shuǐ xià xiǎo zhù fáng li
空气流通的水下小住房里。

与众不同：
跟大家不一
样。众：大家，
别人。

有意思的植物
yǒu yì si de zhí wù

chí táng bèi yī piàn fú píng mì mì de fù gài le
池塘被一片浮萍密密地覆盖了，
yī xiē rén chēng tā wéi tái cǎo kě shì tái cǎo hé fú píng
一些人称它为苔草。可是苔草和浮萍
gēn běn bù shì yī yàng de fú píng hé qí tā zhí wù hěn
根本不是一样的。浮萍和其他植物很
bù xiāng tóng yàng zi zhǎng de tè bié yǒu yì si tā de
不相同，样子长得特别有意思。它的
gēn fēi cháng xì xiǎo tā de lǜ sè xiǎo yuán piàn fú zài shuǐ
根非常细小，它的绿色小圆片浮在水
miàn shang hái dài zhe yī gè qí guài de tū chū wù zhè
面上，还带着一个奇怪的凸出物。这
xiē tū chū de xiǎo dōng xi de xíng zhuàng jiù xiàng xiǎo shāo bing yī
些凸出的小东西的形状就像小烧饼一
yàng yuán lái zhè shì fú píng jīng bù de zhī fú píng shì
样，原来这是浮萍茎部的枝。浮萍是

介绍了浮
萍与其他植物
的不同的长相。

没有叶子的，偶尔还会开出几朵花，不过这是非常难见到的。浮萍不需要开花，它的繁殖方式既快又方便。从小烧饼似的茎上，只要落下来一个小烧饼似的枝，繁殖的任务就完成了。

浮萍生活得非常快乐，无忧无虑，悠闲自在。不过有野鸭游过的时候，浮萍或许会缠在野鸭的脚上，随着野鸭来到新的池塘里。

浮萍的繁殖方式简单又方便。

会变魔术的花

花还会变魔术，令人好奇，引出下文。

在草场上，在森林的空地上，绛红色的矢车菊绽放了。当我看到它时，就想起了伏牛花，因为这两种都是会变小魔术的花。矢车菊的花是一种结构复杂的花，由许多小花组合而成。

它上面那些漂亮的、蓬松的犄角一样的小花，是一些不结籽的空心花。真花藏在中间，是深绛红色的细管子。一朵雌蕊和几朵会变魔术的雄蕊，就躲在细管子里。如果你碰一下绛红色的细管子，细管子就会倒向一边，从小孔里喷出一点花粉来。再过些时间，你再碰它一下，它又会倒向一旁，还会喷出一团花粉来。

解释矢车菊是怎么变魔术的。

魔术的秘密

矢车菊的花粉可不是随便就喷出来的。只有在昆虫向它索要花粉的时候，它才会给。拿走的花粉不管是吃掉，还是粘在身上都没有关系，只要能够带一点给另一朵矢车菊就可以了。

原来矢车菊的魔术是为了让昆虫帮它传播花粉。

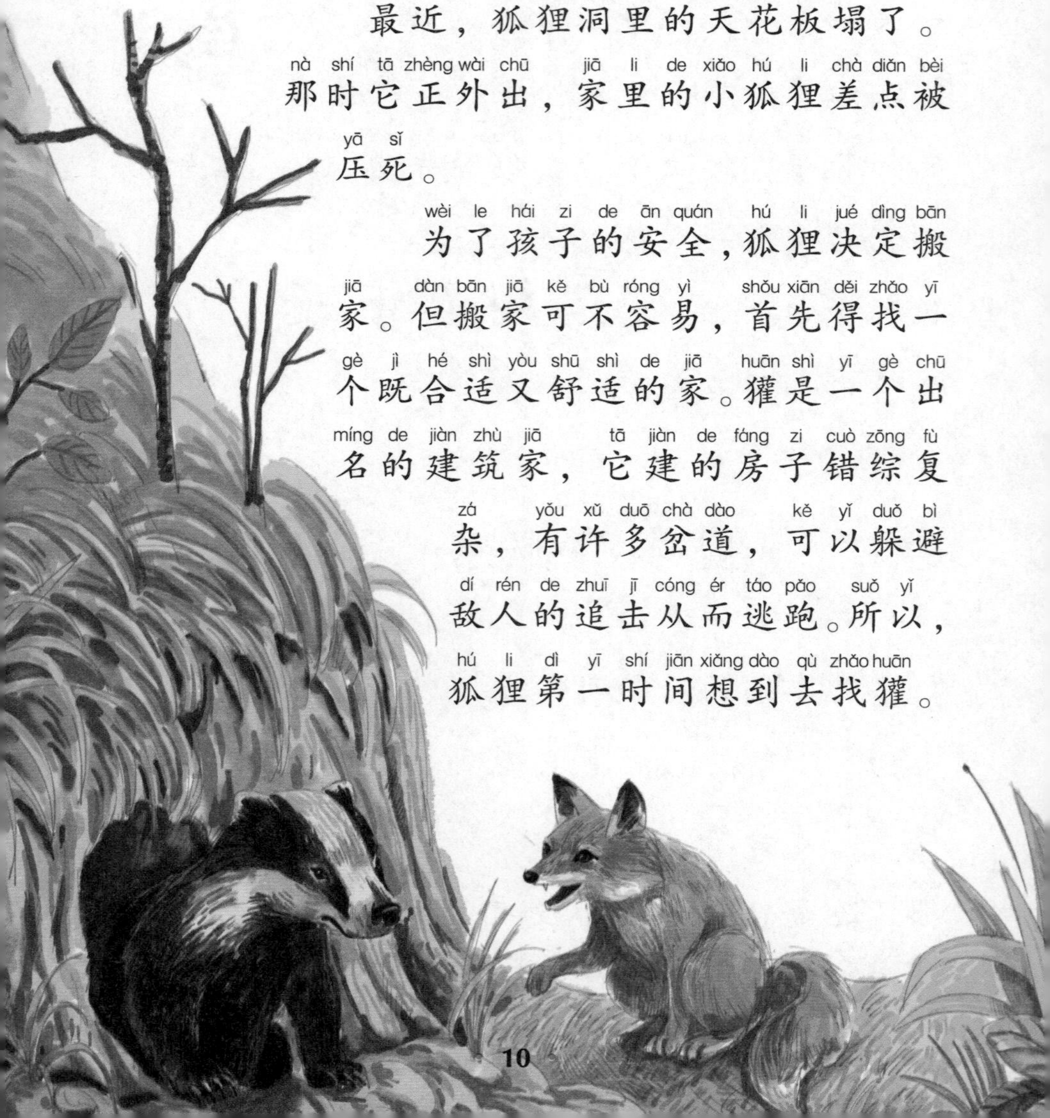

獾的家在土坡下面，狐狸找到獾后，请求獾分一间房子给它住。獾说："不行，我不愿让别人来住，这会弄脏我的家。"

狐狸听后生气地离开了，其实它并没有走远，而是趁着獾没注意，躲在了灌木丛的后面，然后偷偷地观察着獾的动静。

过了一会儿，獾把头从门后探了出来，四处看了看，没有发现狐狸，这才放心地走出洞，然后去森林里找食物了。

獾一走，狐狸就迅速地溜进它家里，把屋里弄得乱七八糟，离开时还在里面拉了一堆屎。獾回家后，看到家里乱糟糟的，既生气又无奈，最后只有搬走。

就这样，狐狸凭着自己的狡猾得到了这个家。

獾搬走后，狐狸就带着家人搬到了这个新家。

还有谁会筑巢呢

鱼竟然也会筑巢，它的巢又是什么样的呢？

我们的特约记者，找到了鱼巢和野鼠巢。棘鱼给自己造了一个真正的巢。一般是由雄棘鱼负责筑巢工作的。它只用分量重的草茎作为建筑材料，就算用嘴把草茎从河底衔到河面上，草茎也不会漂浮。雄棘鱼用草茎铺设墙壁和天花板，先用唾液固定好，再用一些苔藓堵住小洞。它还在巢的墙上修了两扇门呢！小老鼠的巢，是用一些草叶和细细的草茎做成的。它把巢搭在圆柏树的树枝上，大概离地有两米高，跟鸟巢一模一样。

小老鼠也可以像鸟一样在树上筑巢。

借别人的房子住

如果谁要是不会建造房子，或不想费力去建房子的话，可以借别人的房子住。

比如，布谷鸟就把蛋下在鹡鸰、知更鸟、黑头莺和其他会做巢的小鸟的家里。树林里的黑勾嘴鹬，找到了一个老乌鸦巢，就在那里繁衍后代了。船柯鱼喜欢水底沙岸上的无主的虾洞。船柯鱼就在小洞里产卵。有一只

布谷鸟把蛋下在别的鸟的家里，让别的鸟帮它孵蛋。

可怜的麻雀不是不会筑巢，而是它的家太不安全。

麻雀把家选在了一个非常巧妙的地方。它先前在屋檐下筑了个巢，不幸被小男孩们捣毁了。然后，它又在树洞里造了个巢，然而它产的蛋又被伶鼬偷走了。最后麻雀把巢安在了雕的大巢里。雕的巢是用粗树枝搭成的，麻雀则把巢安在粗树枝之间，地盘相当大。现在，麻雀可以好好生活了，不用担心什么。大雕根本没有空理会这么小的鸟。那些伶鼬、猫和老鹰，甚至那

狐假虎威的麻雀终于给自己找了个强大的靠山。

些男孩子，也不会再来捣毁麻雀的巢了，因为大家都不敢和大雕作对呀！

造房的材料

森林里的住房，是用各种各样的材料建成的。歌唱家鸫鸟把朽木屑当

作水泥，涂抹在圆巢的内壁。家燕和金腰燕使用自己的唾液，把烂泥粘成巢。黑头莺把细树枝用又轻又黏的蜘蛛网粘牢搭成巢。在笔直的树干上，鸟能倒立着上下活动。它住在一个大树洞里，为了避免松鼠闯入巢里，它就用黏土把洞口给密封起来，只留自己的身子刚好能挤进去的小洞。拥有碧绿、棕色和蔚蓝三色相间的翠鸟，

燕子姐姐和你一起分享

不同鸟儿的筑巢材料和方式各不相同。

它造的巢很有意思。在河岸上，它挖了一个深深的洞，在小房间的地上铺上一层细鱼刺，于是，属于它的一张柔软的床垫就诞生了。

和你一起分享

翠鸟会用细鱼刺来给自己做床垫哦。

巢里有什么

和你一起分享

不同的鸟下蛋的地点不同，蛋的颜色也各不相同。

巢里有什么呢？当然是蛋，并且是各不相同的蛋。不同的鸟产下不同的蛋。勾嘴鹬的蛋点缀着大小不一的斑点；歪脖鸟的蛋是白色的，带有一丝粉红色。这是因为，歪脖鸟的蛋是在阴暗的树林里产下的，谁也看不见它。勾嘴鹬的蛋竟然直接下在草丛上，暴露在外面。如果它们的颜色是白的，那大家都会看到，还好它们是绿色的，跟草丛的颜色很相似。没准你看不到

新课标必读文学名著

它们，会一脚踩上去。野鸭把巢筑在草丛上，而且也没有任何遮拦。它们的蛋差不多是白色的，由于野鸭诡计多，在它们离开巢的时候，会把自己肚子上的绒毛弄些下来，覆盖好蛋。这样的话，蛋就不会被人看到了。勾嘴鹬的蛋为啥一头是尖尖的，可猛禽兀鹰的蛋却是圆的呢？这个原因很简单：勾嘴鹬是一种小鸟，它的身子只有兀鹰的四分之一大。可是勾嘴鹬下的蛋却很大。它的蛋一头尖尖的，孵的蛋很容易放在一起，小头儿对着小头儿，这样依靠在一起，占的地方小。可是它是如何用它那小小的身体覆盖那么大的蛋，并且来孵它们的呢？为什么小勾嘴鹬的蛋差不多和大兀鹰的蛋一样大呢？这个答案，只有等到小

野鸭会用这么聪明的办法来保护自己的蛋。

提出问题，引起读者阅读兴趣。

niǎo chū dàn ké de shí hou zài xià yī qī de sēn lín
鸟出蛋壳的时候，在下一期的《森林

bào shangchǎn shù
报》上阐述。

jí tǐ sù shè
集体宿舍

蜂类和蚂蚁不像小鸟那样单独筑巢,而是住在一起。

zài sēn lín li yě huì yǒu jí tǐ sù shè mì
在森林里，也会有集体宿舍。蜜

fēng ya huáng fēng ya wán huā fēng ya mǎ yǐ ya
蜂呀，黄蜂呀，丸花蜂呀，蚂蚁呀，

tā men zào de fáng zi kě yǐ róng nà chéng bǎi shàngqiān de
它们造的房子，可以容纳成百上千的

zhù hù bái zuǐ yā zé bǎ guǒ yuán hé xiǎo shù lín dàng zuò
住户。白嘴鸦则把果园和小树林当作

zì jǐ de yí mín qū zài nà lǐ zuò le wú shù gè cháo
自己的移民区，在那里做了无数个巢。

ōu zhàn lǐng le zhǎo zé dì shā dǎo hé qiǎn tān zài dǒu
鸥占领了沼泽地、沙岛和浅滩。在陡

qiào de hé àn shang huī shā yàn záo le wú shù gè xiǎo dòng
峭的河岸上，灰沙燕凿了无数个小洞，

bǎ hé àn nòng de qiānchuāng bǎi kǒng
把河岸弄得千疮百孔。

千疮百孔:形容漏洞、弊病很多,或破坏的程度严重。

xī yì
蜥 蜴

wǒ zài sēn lín de shù zhuāngpáng zhuā dào le yī zhī
我在森林的树桩旁,抓到了一只

蜥蜴，带回了家。

我把一个大玻璃缸里面铺上了沙土和石子儿，把它养在里面。每天换水、放草，还放苍蝇、甲虫、幼虫、蛆虫和蜗牛。蜥蜴贪婪地咀嚼着，毫不客气地吞食着。它最喜欢吃生长在甘蓝丛里的白蛾子。它迅速将头转向白蛾子，张开嘴巴，伸出它那叉子一样的小舌头，接着跳起来，向那美味的食物扑去，就像小狗扑向骨头一样。

有一天清晨，在小石子儿之间的沙土里，我看到十来个白色的椭圆形小蛋，蛋壳又软又薄。蜥蜴挑了个能沐浴阳光的地方孵

燕子姐姐和你一起分享

蜥蜴的食物有很多，它喜欢吃昆虫。

一个多月的时间,小蜥蜴就孵出来啦。

蛋。过了一个多月,小白蛋破壳了,十来只机灵的小不点儿钻出来了,它们长得和妈妈一个模样。这会儿,这家人都爬到小石头上,正懒散地沐浴着阳光呢!

枪击蚊子

不计其数:没法计算数目。形容很多。

达尔文国家自然保护区修建在半岛上,雷宾海就在旁边。这是一个新形成的奇特的大海,不久前这里还是一片森林。海很浅,一些地方还凸着树梢。海里是温暖的淡水。不计其数的蚊子在海水里繁衍。在科学家的实验室里、食堂里和卧室里聚集了无数小嗜血鬼,让大家吃不好、睡不好、工作也干不好。夜晚,每个房间里都

chuán lái qiāng shēng fā shēng shén me shì le yuán lái shì qiāng
传来枪声。发生什么事了？原来是枪

jī wén zi qiāng tǒng li zhuāng de zì rán bù shì zǐ dàn
击蚊子。枪筒里装的自然不是子弹，

yě bù shì qiān dàn dàn tǒng li xiān zhuāng rù shǎo xǔ dǎ liè
也不是铅弹。弹筒里先装入少许打猎

yòng de huǒ yào yòng tián yào sāi yā shí zài sǎ rù kūn
用的火药，用填药塞压实，再撒入昆

chóng zhì chéng de shā chóng fěn cóng shàng miàn shǐ jìn yā jǐn
虫制成的杀虫粉，从上面使劲压紧，

bì miǎn yào fěn sǎ chu lai shè jī shí shā chóng fěn de
避免药粉撒出来。射击时，杀虫粉的

xì fěn chén zài fáng jiān li dào chù piāo bù fàng guò měi gè
细粉尘在房间里到处飘，不放过每个

jiǎo luò shā sǐ le suǒ yǒu de wén zi
角落，杀死了所有的蚊子。

解释了怎样用枪装杀虫粉来杀蚊子。

qǐng shì shi
请 试 试

jù shuō yào shi zài sì chù lā yǒu tiě sī wǎng de
据说，要是在四处拉有铁丝网的

lù tiān yǎng qín chǎng shang huò zài méi yǒu dǐng gài de lóng zi
露天养禽场上，或在没有顶盖的笼子

shang lā jǐ gēn shéng zi nà me māo tóu yīng shèn zhì
上，拉几根绳子，那么猫头鹰，甚至

diāo è zài pū xiàng shēng huó zài tiě sī wǎng huò zhě lóng zi li
雕鹗在扑向生活在铁丝网或者笼子里

de fēi qín zhī qián huì xiān luò zài shéng zi shang xiū xi yī
的飞禽之前，会先落在绳子上休息一

xià zài māo tóu yīng yǎn li shéng zi xiāng dāng jiān gù
下。在猫头鹰眼里，绳子相当坚固。

这个"据说"到底是不是真的呢？

然而它要是落到绳子上，就会摔个大跟头，因为绳子太细了，并且拉得不够紧。它摔倒以后，会一直倒挂着直到第二天早晨。这种姿势下，它是不敢展开翅膀的，这样会有摔到地上的危险。等到天一亮，你就可以去把这个家伙从绳子上拿下来。请试试是不是这样的。还可以用粗铁丝代替绳子。

解释为什么猫头鹰会保持倒挂的姿势。

集体农庄纪事

黑麦长得比人高了，已经开花了。

一只田公鸡（山鹑）在那里面散步，就像在森林里散步一样。雄山鹑带着雌山鹑，它们的小宝宝跟在身后，像小黄球一样不停地滚：原来小山鹑已经孵出来了，还跑出了巢。集体农庄

山鹑一家悠闲自在地在黑麦田里散步。

庄员们正忙着割草。有些地方用镰刀割，有些地方用割草机割。割草机挥舞着翅膀驶过草场。芳香多汁的牧草，在它后面一排排倒下了。菜地里的畦垄上，碧绿的葱长高了。孩子们在拔葱。女孩和男孩一起去采浆果。

这个月初，在阳光照射的小山坡上，美味的草莓成熟了。这时正是草莓生长最旺盛的时间。

写出割草机轻松割草的画面。

树林里的黑莓果也快熟了，覆盆子也快熟了。林中长满苔藓的沼泽地里，桑悬钩子结满籽儿，从白色变成红色，又从红色变成金黄色。你想吃什么浆果，就采什么浆果吧！孩子们本想多采点，不过家里还有很多活要干呢！要给菜园子浇水，还要除掉菜畦里的草。

美丽的颜色变化显示着桑悬钩子成熟的过程。

yǒng gǎn de xiǎo yú
勇敢的小鱼

原来雄棘
鱼负责筑巢，雌
棘鱼负责产卵。

wǒ men yǐ jīng miáo shù guò shuǐ dǐ xia de xióng jí yú
我们已经描述过水底下的雄棘鱼

zuò cháo de mú yàng　xióng jí yú bǎ cháo zào hǎo zhī hòu
做巢的模样。雄棘鱼把巢造好之后，

jiù gěi zì jǐ xuǎn le wèi cí jí yú zuò qī zi bìng dài dào
就给自己选了位雌棘鱼做妻子并带到

jiā li qù　jí yú qī zi cóng qián mén jìn qù　chǎn xià
家里去。棘鱼妻子从前门进去，产下

yú zǐ　mǎ shàng jiù cóng lìng yī biān de mén táo zǒu le
鱼子，马上就从另一边的门逃走了。

yú shì xióng jí yú yòu dài huí dì èr wèi qī zi
于是，雄棘鱼又带回第二位妻子，

jiē zhe shì dì sān wèi　dì sì wèi
接着是第三位、第四位……

bù guò zhè xiē jí yú
不过这些棘鱼

fū rén zhǐ liú xià tā
夫人只留下它

们产的鱼子，最后都逃走了，留给雄棘鱼来照料。它的家里堆满了鱼子，雄棘鱼不得不留在家里看守它们。因为河里的许多家伙都喜欢吃新鲜鱼子。可怜的小个子雄棘鱼，必须保护自己的家，不让可怕的水底怪物欺负自己的鱼子。前不久，贪吃的鲈鱼就闯进了它的家。小个子主人勇猛地扑了上去，和那个怪物进行了一场搏斗。它把身上的五根刺（背上三根，肚子上两根）全都竖起来，对准鲈鱼的鳃刺去。原来鲈鱼满身都披着厚实的鱼鳞铠甲，仅仅只有鳃部没有防护措施。当然，鲈鱼被小棘鱼的勇敢吓呆了，急忙溜走了。

燕子姐姐和你一起分享

雄棘鱼不仅要负责筑巢，还要负责照看小鱼子。

燕子姐姐和你一起分享

写出了雄棘鱼勇敢的战斗方式。

行动敏捷的夜间强盗

忐忑不安：
忐忑：心神不
定。心神极为
不安。

大家对凶
手一无所知，
表现出凶手作
案手法高超，
隐藏得很好。

森林里出现了行动敏捷的夜间强盗，林中的每个居民都忐忑不安。每个夜晚，总会丢失几只小兔子。小鹿、琴鸡、松鸡、榛鸡、兔子和松鼠等动物，每到晚上就吓得发抖。不管是灌木丛中的小鸟、树上的松鼠，还是地上的老鼠，它们无法预料强盗会在哪里开始攻击。动作快速的凶手，一下子在草丛里，一下子在灌木丛里，一下子又从树上冒出来。有可能，凶手有很多个，或许还是一支强盗大军呢！前几天的一个晚上，獐鹿全家（一只雄獐鹿、一只雌獐鹿和两只小獐鹿）在林中空地上吃青草。雄獐鹿站

26

在离灌木丛八步远的地方放哨，雌獐鹿带着小獐鹿在空地上吃草。突然，一个黑影从灌木丛里一闪而过，只一跳，就跳上了雄獐鹿的背。雄獐鹿倒下了，雌獐鹿立刻带着小獐鹿向森林里逃跑。第二天清早，雌獐鹿回到空地上一看，只剩下了雄獐鹿的两只犄角和四个蹄子。在昨天晚上，麋鹿遭受了攻击。它穿过茂密的森林时，看到一根树枝上，长着一个奇形怪状的大木瘤。麋鹿在森林里算得上是勇敢的，它谁也不怕。它的一对犄角无比硕大，就连熊都不敢侵犯它。麋鹿走到那棵树下，本想抬起头仔细观察树上的木瘤。突然，一个恐怖的、三百公斤重的东西，一下子压在了它的脖子上。意料之外的袭击，把麋鹿的

显示出黑影行动快速敏捷，动作熟练。

连熊都不敢侵犯麋鹿，可它却被"强盗"袭击了。

魂都给吓掉了。它使劲晃了下脑袋，把强盗从背上甩了下去，接着飞快地拔腿跑了。所以，它也没来得及看到底是谁袭击了它。我们这里的树林没有狼，何况，狼也不会爬树。这会儿，熊正懒洋洋地藏在密林里呢！熊也不会从树上扑到麋鹿的脖子上去呀！可是，这个神秘的强盗到底是谁呢？这个答案还没有找到。夜莺的蛋无缘无故地失踪了，我们的记者找到了一个夜莺的

cháo zài yī gè xiǎo kēng li fàng zhe liǎng gè dàn dāng jì
巢，在一个小坑里放着两个蛋。当记

zhě zǒu jìn de shí hou cí yè yīng fēi kāi le jì zhě
者走近的时候，雌夜莺飞开了。记者

bìng méi yǒu luàn pèng niǎo cháo zhǐ shì zǐ xì de jì lù xià
并没有乱碰鸟巢，只是仔细地记录下

niǎo cháo de wèi zhì guò le yī xiǎo shí jì zhě yòu huí
鸟巢的位置。过了一小时，记者又回

dào le nà ge niǎo cháo bù guò cháo li de dàn yǐ jīng xiāo
到了那个鸟巢，不过巢里的蛋已经消

shī le guò le liǎng tiān cái chá qīng dàn de xià luò
失了。过了两天，才查清蛋的下落：

yuán lái cí yè yīng hài pà rén men huì lái dǎo huǐ niǎo cháo
原来，雌夜莺害怕人们会来捣毁鸟巢，

biàn bǎ dàn zhuǎn yí dào bié de dì fang qù le
便把蛋转移到别的地方去了。

表现出雌夜莺的小心谨慎。

勇敢的刺猬
yǒng gǎn de cì wei

mǎ shā xǐng de hěn zǎo tā fēi kuài de chuānshàng yī
玛莎醒得很早，她飞快地穿上衣

fu guāng zhe yī shuāng jiǎo jiù wǎng shù lín li pǎo shù lín
服，光着一双脚就往树林里跑。树林

li de xiǎo shān gāngshangzhǎng zhe xǔ duō cǎo méi mǎ shā hěn
里的小山冈上长着许多草莓。玛莎很

kuài jiù cǎi le yī xiǎo lán zhuǎnshēnwǎng jiā li pǎo lù
快就采了一小篮，转身往家里跑。露

shuǐ zhān shī le cǎo dì yī lù shang tā yī bèng yī tiào
水沾湿了草地。一路上，她一蹦一跳

de yī bù xiǎo xīn jiǎo dǐ xia yī huá tòng de dà jiào
的，一不小心脚底下一滑，痛得大叫。

解释玛莎来到树林的原因。

因为她的一只光脚从草丛上滑下去，被某个尖东西扎出血了。只见一只刺猬蹲在旁边，它立刻把身子缩成一团，"呼呼"地叫起来。玛莎坐到旁边的草地上，用衣服擦掉脚上的血，哭了起来。刺猬没有声响。突然，一条背上刻有锯齿形黑条纹的大灰蛇，朝玛莎爬过来了。这条蝰蛇含有剧毒！玛莎吓得全身发抖，蝰蛇越爬越近，发出咝咝的叫声，吐着长长的舌头。突然，刺猬挺直了身子，飞快

燕子姐姐
和你一起分享

玛莎遇到了危险，她会被这条毒蛇咬伤吗？

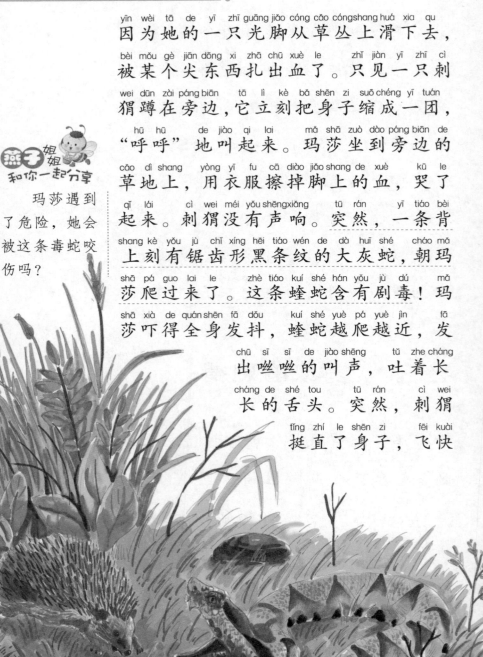

地朝蝰蛇跑去。蝰蛇抬起前半身,像根鞭子一样抽打过来。刺猬敏捷地竖起身上的刺挡过去。蝰蛇咝咝地狂叫起来,想转身逃跑。这时,刺猬猛扑到它身上,从背后咬住它的头,用爪子攻击它的背。玛莎清醒过来,一跃而起,跑回家了。

写出了勇敢的刺猬与毒蛇搏斗的过程。

凶手是谁

在今天晚上,树上的松鼠被谋杀了。我们仔细检查了凶杀现场,根据凶手在树干上和树底下留下的脚印,我们知道了这个神秘的强盗是谁。前段时间就是它害死了獐鹿,闹得整个树林里惊恐不安。根据脚印判断,我们知道凶手就是我们北方森林里的

根据凶手留下的脚印,可以推断出它的身份。

"豹王"——凶残的"林中大猫"——

猞猁。小猞猁长大了。这时猞猁妈妈带着它们，在林子里到处转悠，在树上爬来爬去。深夜，它的双眼和白天一样明亮。要是谁在睡觉以前没躲好，那可就要遭殃咯！

猞猁的眼睛在夜里也能像白天一样看清事物。

绿色的朋友

以前，我们的森林无比宽阔。然而，以前的森林主人（地主）不负责任，不去保护森林和爱护森林。他们不停地砍伐树木，滥用土地。那些被砍光的森林，出现了沙漠和峡谷。农田没有了森林的保护，旱风从遥远的沙漠袭来。热烫的沙子淹没了农田，庄稼都被烫死了。这些庄稼没有任

解释了森林对于保护农田的重要作用。

何屏障的保护。江河和湖泊的岸边失去了森林，也慢慢开始干涸，峡谷慢慢地向农田延伸。还好，现在的人们是勤劳的，他们开始亲自管理自己的财富。人们开始向旱风、旱灾和峡谷宣战了。就这样，绿色的朋友——森林，成了我们的好帮手。裸露的江河、池塘和湖泊需要保护，为了避免它们受烈日的烘烤，我们把森林派往那里。森林挺起那勇士般的身躯，用枝叶茂盛的身体，保护着江河、池塘和湖泊，避免它们被太阳烘烤。在有农田的地方，为了避免它们受旱风的侵袭，我们就造林。凶狠的旱风，从遥远的沙漠里卷来热沙，覆盖耕地。森林这位勇士挺起胸膛，抵挡住凶狠的旱风，像一道屏障一样保护着农田。峡谷迅

人们植树造林来抵抗旱风、旱灾和峡谷。

森林为抵挡旱风、保护农田做出了重要贡献。

速扩大，贪婪地侵蚀着农田的边缘，我们也会造林去保护它们。这位绿色的朋友把坚实有力的根深深地伸入大地，使土地稳牢，挡住到处乱窜的峡谷，禁止它啃食我们的耕地。征服旱灾的战事正在进行着。

森林是人类的朋友，它帮助人类保护耕地。

天上的大象

天空飘来一片片乌云，和大象特别相似。它时不时地伸长鼻子甩向地面。只要大象的鼻子一碰地，地上马上就扬起一片尘土。尘土像根柱子一样，旋转着，越来越大，最后和天上的大象鼻子相连了，变成了一根不断旋转、连接天地的大柱子。大象把大柱子抱着，向前行进着……大象来到

写出了龙卷风由小到大的变化过程。

一座小城的上空，待在那里一动不动。突然，它的身上喷出了大雨点。这可真是倾盆大雨！房顶和人们头上撑开的伞，响起了噼里啪啦的声音。你想想，到底是什么敲得它们发出噼里啪啦的声音？是蝌蚪、小蛤蟆和小鱼！大街上的小水塘里，它们活蹦乱跳的。随后人们恍然大悟，这片大象似的乌云，得力于龙卷风（从地下卷到天上的旋风）的帮忙，在一座森林中的小湖里饮足

燕子姐姐伴你一起欣赏

恍然大悟：
恍然：猛然清醒的样子；悟：心里明白。形容一下子明白过来。

· 35 ·

和你一起分享

解释了下雨会下出蝌蚪、蛤蟆和小鱼的原因。

水，把水里的蝌蚪、蛤蟆和小鱼带着一起，在天上飞行了很远，然后把战利品全部都丢弃在小城里，接着又继续向前飞奔。

小燕雀和它的妈妈

和你一起分享

表现出小燕雀的稚嫩，它还不能很好地飞行。

现在，我家的院子里一片葱绿。我在院子里散步，这时我脚底下飞来了一只小燕雀，它的头上长着犄角一样的绒毛。它飞了起来，又落下了。我捉住它，把它带回了家。父亲让我把它放到开着的窗户前。还不到一小时，小燕雀的父母就飞来喂它了。就这样，它在我家里住了一天。夜晚，我关了窗户，把小燕雀放进了笼子。第二天清晨五点钟左右，我醒过来了，只见小燕雀的妈妈嘴里衔着一只苍蝇蹲在窗台上。我立马打开窗户，然后躲到屋角悄悄观看。不一会儿，小燕雀的妈妈又飞来了。它落在窗台上，小燕雀叽叽喳喳地叫了起来，它想要吃东西了！燕雀妈妈这才决定飞进屋子里，跳到笼子旁边，隔着笼子给小燕雀喂食。随后，它又飞去找新的食物了。我把小燕雀拿出来，送到院子里。过了不久，我再去看小燕雀时，它已经不在了，燕雀妈妈把它带走了。

燕子姐姐和你一起分享

燕雀妈妈不敢进屋，但为了给小燕雀喂食，它还是进来了。

金线虫

在江河、湖泊和池塘里，甚至在普通的深水沟里，有一种神秘的生

奇特的传说充满了神秘感,引人好奇。

物,它叫金线虫。老人们说,金线虫是马的复活的毛发。人在游泳时,它会钻到人的皮肤里,在皮下游来游去,让人感觉非常痒。金线虫像是粗糙的棕红色毛发,更像是用钳子钳断的一截金属线。它坚硬无比,要是把它放在石头上,用一块石头敲打它,它毫不害怕,还一会儿伸长,一会儿缩短,一会儿缩成小巧的一团。事实上,金线虫是一种无头的软体虫,不会危害人类。雌金线虫的肚子里都是卵。它们的卵会在水里,长成一种有角质的长吻和钩刺的小幼虫,接着它们依附在水栖昆虫的幼虫身上,甚至钻进幼虫的身体里,像寄生虫一样寄生在幼虫里面。要是最后它们的"主人"没有被水蜘蛛或者昆虫吞到肚子里去,

解释金线虫不会危害人类,只是寄生在幼虫身体里。

那么它们的生命就完结了；如果有幸能进入新"主人"的身体里，它们就在里面变成没有头的软体虫，钻入水里，吓唬那些有迷信思想的人。

重新造林

以前，季赫维斯基地区的一些森林，被砍得光秃秃的，现在正在重新造林。在两百五十公顷的土地上，种植了松树、枞树和西伯利亚阔叶松。在两百三十公顷树木已砍光的土地上，再次翻土壤，让残留树木结的种子落在地上，更快地发芽。在十公顷的土地上，种植了西伯利亚阔叶松，从树苗里长出了苗壮的小芽。种植阔叶松，有利于大幅度地增加列宁格

燕子姐姐和你一起分享

在不同的土地上有不同的重新造林的规划和方法。

勒州森林里贵重的建筑木材的产量。
还开辟出一个苗木场，培育了许多
可用作建筑木材的针叶树和阔叶树。
还计划培育许多果树和可以提供橡
胶的一种名叫疣枝卫矛的灌木。

一位少年自然科学家的梦

一位少年自然科学家
在用心准备一篇将在班里
做的名叫《跟森林和田园
里的害虫做斗
争》的报告。

以下两段是他读到的:"为了利用机械和化学方法与甲虫做斗争,一共花费了 13700 多万卢布。用手捉了 1301 万只甲虫。要是把这些甲虫装在火车里,813 个车厢都可以装满。""为了和昆虫战斗,每一公顷土地上要消耗 20 到 25 个人的劳动时间。"这位少年自然科学家看得头晕目眩。那一串串数字像蛇一样,跟着由许多零组成的大尾巴,在他的视线里扭动。他只好去睡觉,做了一夜噩梦:黑幽幽的森林里连续不断地爬出来一队队甲虫、幼虫和青虫,它们穿过田地,把他包围起来,缠住他。他用手打死了一些虫子,还用带杀虫药水的水龙带浇它们,然而还是有无数的虫子向他涌过来,它们经过的地方,都变成了一片

列数字说明与甲虫的斗争花费巨大,成效显著。

少年科学家连做梦都梦到自己被虫子围攻。

41

huāng mò　zhè wèi shào nián zì rán kē xué jiā bèi è mèng jīng
荒漠。这位少年自然科学家被噩梦惊

xǐng dào le zǎo shang　tā fā xiàn shì qíng méi yǒu mèng zhōng
醒。到了早上，他发现事情没有梦中

nà me kě pà　shào nián zì rán kē xué jiā zài bào gào li
那么可怕。少年自然科学家在报告里

tí yì　zài guò fēi qín jié qián　dà jiā yīng gāi zhì zuò
提议，在过飞禽节前，大家应该制作

hǎo xǔ duō liáng niǎo wū　shān què cháo hé shù dòng xíng de niǎo
好许多椋鸟屋、山雀巢和树洞形的鸟

cháo　míng qín jù yǒu zhuō chóng de běn lǐng　bǐ rén lì hai
巢。鸣禽具有捉虫的本领，比人厉害

duō le　ér qiě tā men hái hěn lè yì zhè yàng zuò ne
多了，而且它们还很乐意这样做呢！

鸟类是虫
子的天敌，也
是人类的好
帮手。

祝你垂钓都很准
zhù nǐ chuí diào dōu hěn zhǔn

zài xià tiān　dà fēng hé léi yǔ bǎ yú er gǎn dào
在夏天，大风和雷雨把鱼儿赶到

shēn kēng　cǎo cóng hé lú wěi cóng zhè xiē bì fēng de dì fang
深坑、草丛和芦苇丛这些避风的地方

le　yào shi pèng shàng lián xù jǐ tiān tiān qì dōu bù hǎo
了。要是碰上连续几天天气都不好，

nà suǒ yǒu de yú dōu huì yóu dào zuì pì jìng de dì fang
那所有的鱼都会游到最僻静的地方，

háo wú jīng shen　shén me yě bù xiǎng chī　yán rè de tiān
毫无精神，什么也不想吃。炎热的天

qì　yú jiù wǎng liáng kuai de dì fang yóu　zuān dào nà xiē
气，鱼就往凉快的地方游，钻到那些

quán shuǐ dīng dōng　hé shuǐ bīng liáng de dì fang　liè rì yán
泉水叮咚、河水冰凉的地方。烈日炎

解释了不
同天气对鱼儿
的影响不同，垂
钓时应该根据
天气选择地点。

炎的时候，鱼儿只有在早晨凉爽和傍晚暑气稍退时，才会上钩。在干旱的夏天，河水和湖水的水位变低，鱼儿只好游到深坑里去。不过，深坑里的食物根本不够吃。因此，钓鱼人只要找对了地方，钓的鱼就很多了，尤其是在你用诱饵钓鱼的时候。麻油饼是最佳的诱饵。首先把它放在平底锅里煎一下，再用咖啡磨或研钵捣烂，再与煮烂的麦粒、米粒或豆子搅拌在一起，或者撒在荞麦粥、燕麦粥里，这样，诱饵就会散发出喷香的麻油味。鲫鱼、鲤鱼和其他许多鱼，都很喜欢这种味道。你一定要天天撒这些喂它们，使它们产生依赖性，喜欢这个地方，然后像鲈鱼、梭鱼、刺鱼和海马这些食肉鱼也会跟着游过来。

燕子姐姐和你一起分享

想要钓到很多鱼，要先了解鱼的生活习性才能选对地点和诱饵。

燕子姐姐和你一起分享

诱饵吸引鲫鱼之类的鱼，然后又用这些鱼当作诱饵来吸引食肉鱼。

短暂的小雨或雷雨，会使河水变凉，大大增强鱼的食欲。雾散开以后，天气转晴，鱼也特别容易上钩。每个人都可以根据晴雨表、鱼上钩的程度、云彩日出后驱散的夜雾以及露水，来学习预测天气变化。鲜艳的紫红色霞光，表明空气中积满了水蒸气，可能会下雨。相反，淡金红色的霞光表明空气干燥，近几小时不会下雨。除了用带浮漂和不带浮漂的普通钓鱼竿以及绞竿钓鱼外，

燕子姐姐和你一起分享

介绍了预测天气变化的多种方法。

还可以乘小船，边
划船边钓鱼，只要准
备一根结实的长绳子（大概50
米长，在手拉处接一段钢绳或牛
筋），再准备一条假鱼。把假鱼拴到
绳子上，拖在离小船25至50米的地
方。小船上坐两人：一人划船，一人
拉绳子。把假鱼拖在水底或水中走。
像鲈鱼、梭鱼和刺鱼这类猛鱼，看见
假鱼在头顶游过，误认为是真鱼，猛
地一口吞下，这样就牵动了绳子。捕
鱼人感觉到绳子在晃动，知道有鱼上

用假鱼钓
食肉鱼的具体
操作方法。

钩，就可以慢慢拉回绳子。这种方法捕的鱼，一般是大鱼。在湖边，灌木丛生的陡峭河岸下的深坑里，在芦苇和草丛附近的水域里，是用假鱼和长绳子钓鱼的最佳之处。在河里划船，要沿着陡岸或者深水且平静的水面划；要躲开石滩和浅滩，在离它们或上或下的位置划。划小船钓鱼的时候，一定要轻轻的，特别是在无风的日子里，就算桨只是轻轻地碰一下水面，鱼在大老远都能听见的。

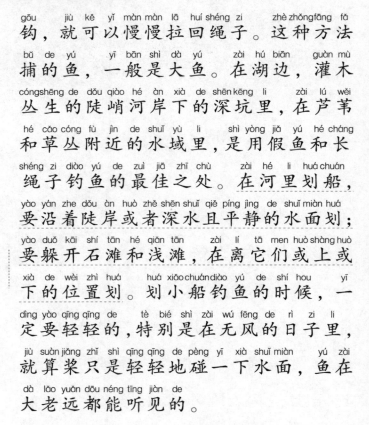

燕子姐姐和你一起分享

交代了划船的注意事项。

捉菜虫子

夏天的时候，我们也会去打猎。不过这次可不是用枪去打鸟或野兽，而是要去捉菜虫子。

càizhóng zi zǒng shì chū xiàn zài cài yuán li de qīng cài
菜虫子总是出现在菜园里的青菜
shang tā men ràng qīng cài bù néng jiàn kāngshēngzhǎng suǒ yǐ
上，它们让青菜不能健康生长，所以
xū yào wǒ men jiāng tā chú diào
需要我们将它除掉。

dàn wǒ men gāi zěn me chú ne zhè děi kàn nǐ pèng
但我们该怎么除呢？这得看你碰
dào de shì shén me chóng zi le rú guǒ shì yī zhǒng xiǎo
到的是什么虫子了。如果是一种小
hēi chóng nǐ jiù zài cài shang sǎ yī xiē lú huī shú
黑虫，你就在菜上撒一些炉灰、熟
shí huī huò yān mò zhè jiù néng chú diào tā men le nǐ
石灰或烟末，这就能除掉它们了。你
wèn wǒ zhè zhǒng xiǎo hēi chóng shì shén me tā jiào tiào jiǎ
问我这种小黑虫是什么？它叫跳甲，
huì bǎ cài yuán li méi zhǎng hǎo de cài yè zi yǎo de dào
会把菜园里没长好的菜叶子咬得到
chù shì dòng bù chū sān tiān cài jiù quán sǐ le duì
处是洞，不出三天菜就全死了。对
le tā men cháng chū xiàn zài gān lán luó bo hé dōng
了，它们常出现在甘蓝、萝卜和冬
yóu cài shang
油菜上。

hái yǒu yī zhǒng jiào é dié de chóng zi tā men zài
还有一种叫蛾蝶的虫子，它们在
cài yè shangchǎn luǎn luǎn biànchéng xiǎo yòu chóng hòu jiù huì bǎ
菜叶上产卵，卵变成小幼虫后就会把
cài yè chī guāng duì fu tā men de bàn fǎ hěn jiǎn dān
菜叶吃光。对付它们的办法很简单，
zhí jiē yòngshǒu niē suì jiù hǎo le
直接用手捏碎就好了。

虫子不同，除虫的方法也不相同，要视具体情况而定。

解释了跳甲对菜的危害，所以要消灭跳甲。

森林里的战争（续二）

和你一起分享

采伐迹地的战争结束了，最终还是小枞树获得了胜利。

和你一起分享

枞树虽然取得了胜利，但它们的缺陷使这胜利仍然存在隐患。

野草和小白杨跟小白桦的命运差不多，它们都被枞树摧残死了。现在，枞树在那块采伐迹地上没有敌人了。

《森林报》记者卷起帐篷，搬到了另外一块采伐迹地。前年，林业工人在那里砍伐过树木。在那里，他们亲眼看见了枞树侵占者在战争开始后第二年的情况。枞树种族十分强大。然而，它们也有两处不足。首先，它们扎在土里的根，虽然伸得远，却扎不深。在秋天，在宽阔的采伐迹地上，狂风呼啸，导致许多小枞树从土里被连根拔起，躺在地面上。其次，小枞树长得不够健壮，非常怕冷。在冬天，小枞树上的芽，全冻死了；瘦弱的树枝也被寒风吹断了。到了第二年春天，在那块被枞树征服的土地上，没有一棵小枞树存在。枞树并不是每年都结种子。因此，虽然它们起初占领了这个地方，不过地位并不稳固。在很长一段时间内，它们被赶出了战斗的行列。那些坚强的野草，第二年春天刚钻进土壤，就再次投入了战斗。这一次，它们必须跟小白杨、小白桦战斗。

燕子姐姐和你一起分享

小枞树虽然占领了采伐迹地，但它们仍没有抵抗住狂风和寒冷。

此时的小白杨和小白桦已经成长起来，不再害怕野草的争夺了。

小草已经无力与白杨树和白桦树抗争，暗示着最终的结局。

然而，小白杨、小白桦都已经长高了，毫不费力地就把那些富有弹性的纤细野草，踩在脚下。野草包裹着它们，对它们非常有益。陈年枯草，就像一条厚实的毛毯覆盖着大地，腐烂后散发出热量；新生的青草，覆盖着刚出世的娇嫩的小树苗，以免它们受到危险的早霜的袭击。小白杨和小白桦生长飞快，低矮的青草很难追上它们，它刚一落到后面，立刻就看不到太阳了。当小树长到比青草高的时候，立刻就会伸展开树枝，覆盖着小草。白杨和白桦没有枞树浓密黝黯的针叶，可是，这没关系，因为它们的树叶很宽，树荫浓郁。要是小树的叶长得稀疏的话，野草还能坚持住。不过，在整个采伐迹地上，小白杨和小白桦都

生长得很浓密。它们默契地进行着战斗，把像手臂的树枝连起来，依偎在一起，可以算是一顶密集的树荫帐篷了。在树荫底下的小草，没有阳光的照射，很快枯萎死了。过了不久，我们的记者看到，第二年的战争以白杨和白桦的胜利而结束。于是我们的记者又换到了第三块采伐迹地上去进行观察了。他们在那里的所见所闻，将在下一期的《森林报》上报道。

写出了白杨树和白桦树互相扶持共同成长的画面。

捕 虾

五月、六月、七月这几个月，是捕虾的最佳时机。捕虾人应该掌握虾的生活习性。小虾是由虾子孵化出来的。虾子出生之前，躲在雌虾的腹足

想要捕虾的话，可千万别错过这段时间哦。

简单介绍了虾子孵化的历程。

里（河虾有十只脚，最前面一对是钳子）和尾巴下半部分（出于礼貌，通常把它称为虾颈部）。每只雌虾最多怀有一百粒虾子，雌虾是怀着虾子过冬的。初夏，雌虾孵化出像蚂蚁一样大的小虾。古代，一般认为只有最聪明的人，才知道虾在哪里过冬。不过，现在每个人都知道虾是在河岸和湖岸上的小洞穴里过冬的。虾在出生后的第一年，要换八次甲壳（这是它的外骨骼）；成年后，就一年换一次。脱掉旧甲壳后，光着身子的虾懒洋洋地躲在洞里，直到新甲壳长硬了才肯出来。

好多鱼都喜欢吃脱了甲壳的虾。虾是夜游动物，白天躲在洞里。但是，当它感觉到有猎物出现时，就算是在太阳底下，也会蹿出洞来捕捉。这时，就会看见一串串气泡从水底冒上来，这是虾在呼气。小鱼、小虫等这类水下小生物都是虾的捕捉对象。然而，它最爱吃腐肉。在水下，大老远它就能闻到腐肉的气味。捕虾人用一小块臭肉、死鱼或死蛤蟆当诱饵。夜晚，虾游出洞，头朝前在水底来回觅食。这是最好的捕虾时机（虾只有在逃跑的时候，头才会往后倒着游）。把诱饵系在虾网上，把虾网绷在两个直径30至40厘米的木箍或铁丝箍上。一定

介绍了虾换甲壳的生活习性。

介绍了捕虾的诱饵和合适的时间。

介绍了用虾网捕虾的方法。

要绷紧了，否则虾一进网就能把网内的腐肉拖走。人站在岸上，用细绳把虾网系在长竿的一端，把虾网浸入水中。在虾多的地方，虾聚集到网中的速度是很快的，进去了就出不来了。

还有一些更复杂的捕虾方法。但是最简单且收益最大的方法是：在水浅的地方光着脚走进河里，找到虾洞，用手抓牢虾背，把虾拖出洞。没错，这样的话手指头可能会被虾钳住，但是，这并不可怕。况且，我们没建议胆小鬼们用手捉虾呀！要是你随身带着一口小锅、盐和茴香，你立马就可以在岸边烧壶开水，加入盐和茴香煮虾吃。

描绘出夏夜星空下煮虾吃的画面，引人遐想。

在暖和的夏夜，仰望满天繁星，在小河边或湖边的篝火旁煮虾吃，简直妙极了！

森林电台

大家好，这里是《森林报》。欢迎收听我们的广播，播放即将开始。

苔原！沙漠！森林！山脉！请注意，现在由你们来汇报一下各自地方的情况。

开头向观众问好，引起大家的注意。

喂，这里是北冰洋群岛！

在这里，太阳出来与消失的频率很快。这里二十四小时都很亮，在阳光的照耀下，苔原慢慢苏醒过来。

介绍了北冰洋群岛的情况。

鸟儿们都飞回来了，因为没有黑夜的原因，几乎每时每刻都能听到鸟儿的叫声，非常热闹。鸟儿们都忙着筑巢、孵蛋、喂孩子，都没时间睡觉。

说明这里非常热闹，充满生机。

现在，我都快忘了黑夜的样子了。

喂，这里是中亚细亚沙漠！

我们这里的太阳很毒辣，草木都被晒枯了，连一片叶子也看不到，只剩光秃秃的枝干。

说明中亚细亚沙漠天气非常炎热。

这里的风将沙尘吹得漫天飞舞，太阳都被沙尘遮住了。树枝被风吹得左右摇晃，给沙漠添加了一些生机。

蛇、蜈蚣、金花鼠和蚂蚁等动物为了躲避太阳，都在家里休息。只有等到晚上，这些动物才会出来。

喂，这里是乌苏里大森林！

这里四处都是密林，高大的树木像一个巨大的遮阳伞，将太阳挡在了外面。所以，在这里的白天和夜晚是一样的。

将树木比作遮阳伞，说明这里树木茂盛。

在树上的鸟儿们，有的已将小宝

宝孵出来了，有的还在孵蛋。小野兽们成长起来，并跟着父母学习捕食。

喂，这里是阿尔泰山脉！

清晨，在太阳的照射下露珠蒸发变成水蒸气。水蒸气上升到山顶，形成云雾。

正午的时候云雾会变成雨滴落下，而山上的积雪因此时强烈的阳光开始融化。雨水和雪水汇成一条小溪，向山下流去。

燕子姐姐和你一起分享

小动物渐渐成长起来了。

描绘阿尔泰山脉的神奇之景，让人大开眼界。

这里的山很神奇：山顶上终年都是冬季。上面覆盖着厚厚的积雪；往下一点的地方会出现苔原；再往下一点的地方则是大草原；山的最下面是一片森林。

今天的播报到这里就结束了，我们下期再见了。

繁衍月（夏二月）

森林里的孩子们

罗蒙诺索夫城外的原始森林里，生活着一只年轻的雌麋鹿。今年，它生了一只小麋鹿。森林里，还有一只白尾巴雕的巢，巢里住着两只小雕。黄雀、燕雀和鹪鸟各孵出五只小鸟。蚁鹫，啄木鸟科，它的羽毛是淡银灰色的，夹着褐色细纹，以蚂蚁和蛹类为食，大部分生活在俄罗斯西伯利亚东部和中国北部，是一种益鸟。它孵出了八只小鸟。长尾巴山雀孵出十二

燕子姐姐和你一起分享

森林里又多出了许多新出生的小动物。

只小鸟。灰山鹑孵出了二十只小鸟。

在棘鱼的巢里，每一颗鱼子只孵出一条小棘鱼。一个巢里总共有一百来条小棘鱼。而一条鳊鱼产的子，可以孵化出好几十万条小鳊鱼。一条鳘鱼的孩子多得数不清，估计有几百万条吧！

燕子姐姐和你一起分享

鳊鱼和鳘鱼家族的数量真是庞大，与它们相比，鸟儿的孩子真是太少了。

没人照顾的孩子

鳊鱼和鳘鱼对孩子一点都不关心。它们生完鱼子之后，就离开了。它们对鱼子的孵化、小鱼如何生活、如何找食物吃等事情毫不关心。试想，要是你有几十万个或几百万个孩子，你不这样怎么办呢？不可能每一个都照顾到！一只青蛙只有一千多个孩子，就算这样，它也不关心孩子！没错，

燕子姐姐和你一起分享

鳊鱼和鳘鱼的孩子实在太多了，根本照顾不过来。

没有父母关心的孩子，生活是艰难的。

水下有许多贪吃的怪物，它们特别喜

欢吃美味的鱼子和青蛙卵、鲜嫩的小

鱼和小蛙！一想真是可怕，在小鱼、

蝌蚪长大的过程中，它们会遭受多少

困难和危险，它们当中会有多少只被

吃掉啊！

没有父母照顾的孩子生活中会遇到很多危险。

称职的父母

麋鹿妈妈和所有的鸟妈妈，都是

非常称职的妈妈。麋鹿妈妈为了保护

它的独生子，随时准备牺牲自己的生

命。当大熊想进攻小麋鹿的时候，麋

鹿妈妈会前后脚一起进攻。这样的攻

击让熊知难而退，再也不敢攻击小麋

鹿了。田野里，蹿出来一只小山鹑，

麋鹿妈妈生的孩子很少，她会好好照顾自己的孩子。

它一看到《森林报》的记者，就钻到草丛里躲了起来。记者们捉住了小山鹑。小山鹑啾啾地尖叫着。这时山鹑妈妈跑了出来。当它看见自己的孩子被人捉在手里时，一边咕咕直叫，一边扑了过来；接着又摔倒在地，翅膀耷拉着。记者们以为它受伤了，立刻扔下小山鹑，追它去了。山鹑妈妈一瘸一拐地在地上走着，好像一伸手就可以捉到。谁知只要一伸手，它就躲到旁边。追了一会儿，忽然，

燕子姐姐
和你一起分享

山鹑妈妈努力地想从人类手中救回自己的孩子。

shān chún mā ma zhǎn kāi le chì bǎng ruò wú qí shì de fēi
山鹑妈妈展开了翅膀，若无其事地飞

zǒu le jì zhě yòu wǎng huí zǒu qù zhǎo nà zhī xiǎo shān chún
走了。记者又往回走去找那只小山鹑，

xiǎo shān chún yě xiāo shī de wú yǐng wú zōng le yuán lái shān
小山鹑也消失得无影无踪了。原来山

chún mā ma shì jiǎ zhuāng shòu shāng bǎ jì zhě yǐn zǒu hǎo
鹑妈妈是假装受伤，把记者引走，好

yíng jiù tā de hái zi měi gè hái zi dōu bèi tā bǎo hù
营救它的孩子。每个孩子都被它保护

de nà me hǎo yīn wèi tā zǒng gòng zhǐ yǒu shí èr gè hái
得那么好，因为它总共只有十二个孩

zi ya
子呀！

山鹑妈妈假装受伤引走了记者们，成功救下了自己的孩子。

niǎo de gàn huó shí jiān
鸟的干活时间

tiān gāng mēng mēng liàng de shí hou niǎo jiù kāi shǐ qǐ
天刚蒙蒙亮的时候，鸟就开始起

fēi le zōng niǎo měi tiān yào gàn xiǎo shí de huó jiā
飞了。椋鸟每天要干17小时的活，家

yàn měi tiān gàn xiǎo shí de huó yǔ yàn měi tiān gàn
燕每天干18小时的活，雨燕每天干

xiǎo shí de huó lǎng wēng měi tiān gàn xiǎo shí yǐ
19小时的活，朗鹟每天干20小时以

shàng de huó
上的活。

列数字说明鸟类干活时间非常长。

zhè xiē shù zì dōu jīng wǒ yī yī hé shí guò tā
这些数字都经我一一核实过。它

men měi tiān bì xū gàn zhè me cháng shí jiān de huó yīn wèi
们每天必须干这么长时间的活！因为

新课标必读文学名著

它们要喂饱自己的孩子，所以雨燕每天至少往家来回飞30至35次，给小鸟送食物。椋鸟每天至少要送200次，家燕至少要送300次，朗鹟要送450多次！整个夏天，它们消灭了不计其数的对森林有害的昆虫和幼虫。它们就这样孜孜不倦地劳动着！

孜孜不倦：孜孜：勤勉，不懈怠。指工作或学习勤奋不知疲倦。

海岛殖民地

在一个岛屿的沙滩上，有许多小海鸥在那里避暑。夜晚，它们睡在小沙坑里，每个小沙坑里可以睡三只。沙滩上这种小沙坑很常见，算得上是海鸥的大殖民地了。白天，在老海鸥的带领下，小海鸥们学习飞行、游泳和抓小鱼。老海鸥一边教孩子，一边

小海鸥们一起学习、一起睡觉，它们的生活和睦友爱。

警惕地保护着它们。只要一有敌人靠近它们，它们就成群地飞起来，大声叫唤着扑向敌人。声势浩大，没有谁不害怕。连海上的巨无霸白尾雕，闻声都会逃走。

海鸥们会团结一致对抗外敌。

可怕的小鸟

瘦小柔弱的鹈鸪妈妈，在巢里孵出六只光溜溜的小鸟。五只小鸟模样生得很乖巧。可是第六只却长得很丑：全身上下皮肤粗糙，青筋暴露，有一个大脑袋，一双凸出的眼睛，眼皮耷拉着。它一张嘴，一定会把人吓得倒退三步：嘴巴像个无底洞，就像野兽的血盆大口！出生后的第一天，它静静地躺在巢里。当鹈鸪妈妈衔了

为什么第六只小鸟跟别的不一样？为下文埋下伏笔。

食物飞回来时，它才费好大的劲抬起沉甸甸的大脑袋，张开大嘴，低声吱吱叫着："喂我吧！"第二天早上，鹡鸰爸爸和鹡鸰妈妈飞出去觅食。这时，小怪物蠕动起来。它低下头，把头抵住巢底，两腿叉开往后退。它的屁股撞到了它的小兄弟，就把屁股塞到小弟弟的身子底下，又把光秃秃的弯翅膀往后面甩。于是，它那弯翅膀像把钳子一样钳住了小兄弟。它就这样背着小兄弟使劲往后退，退到巢的边缘。它那瘦弱眼瞎的小兄弟在它那脊柱根的坑里不停地摇晃，就像盛在调羹里一样。丑八怪用脑袋和两脚把小弟弟越抬越高，抬到和巢顶一样高。突然，丑八怪挺直身子，往后猛地一甩，小兄弟就从巢里飞了出去。鹡鸰

一连串细致的动作描写，小怪物到底想干什么？

它竟然谋杀了自己的小兄弟，真是太可怕了。

的巢建在河边悬崖上。那个小鸊鹈真是可怜，"啪"的一声撞在了砾石上，失去了生命。那凶恶的丑八怪也差点从巢里摔出来，它的身子在巢边不停地摇晃，还好它的大头分量重，使它的身子再次坠回了巢里。这种可怕而丑陋的行为持续了两三分钟。然后，这个丑八怪累了，就躺下来休息了大约十五分钟。鸊鹈爸爸鸊鹈妈妈这时候回家了。丑八怪伸着青筋暴露的脖子，抬起它的大脑袋，一副懵懂的样子，张开嘴巴，尖声叫起来："喂我吧！"丑八怪吃饱了，休息好了，又去迫害第二个小兄弟。这个小兄弟很难搞定：它拼命挣扎，不停地从丑八怪的背上滚下来。但是，丑八怪毫不相让。过了五天，丑八怪睁开了双

燕子姐姐和你一起分享

冒着自己差点掉出巢的危险也要谋害"同伴"，显示出它的凶残狠毒。

燕子姐姐和你一起分享

描绘出小怪物凶恶可怖的丑态。

还记得吗？布谷鸟自己不筑巢，而是把蛋下到别的鸟巢里。

眼，看见只有自己躺在巢里。它的五个小兄弟都被它害死了。在它出生后的第十二天，它的羽毛才长出。现在一切都明白了：鹡鸰夫妇真是倒霉啊！它们抚养的竟是一只布谷鸟的弃婴。然而小布谷鸟可怜的样子，和它们自己那些死去的孩子太像了：它抖动着翅膀乞食，实在惹人怜爱。善良的夫妻俩不忍拒绝它，也不忍丢弃它，让它活活饿死。夫妻俩自己都吃不饱，还整天奔波，连自己的肚子都不能填饱，还

68

gěi xiǎo bù gǔ niǎo sòng qù féi zhuàng de qīngchóng máng dào qiū
给小布谷鸟送去肥壮的青虫。忙到秋

tiān tā men cái bǎ xiǎo bù gǔ niǎo yǎng dà kě shì
天，它们才把小布谷鸟养大。可是，

bù gǔ niǎo què fēi zǒu le cóng nà yǐ hòu zài yě méi lái
布谷鸟却飞走了，从那以后再也没来

kàn wàng guò yǎng fù mǔ
看望过养父母。

凶残的布
谷鸟没有丝毫
感恩之心。

chī māo nǎi zhǎng dà de tù zi
吃猫奶长大的兔子

jīn nián chūn tiān wǒ jiā de lǎo māoshēng le jǐ zhī
今年春天，我家的老猫生了几只

xiǎo māo kě xiǎo māo quán dōu sòng le rén zhèng hǎo jiù zài
小猫，可小猫全都送了人。正好就在

zhè yī tiān wǒ men zài shù lín li zhuā dào le yī zhī xiǎo
这一天，我们在树林里抓到了一只小

tù zi yú shì wǒ men bǎ xiǎo tù zi fàng dào lǎo māo
兔子。于是，我们把小兔子放到老猫

shēn biān wèi yǎng
身边喂养。

lǎo māo nǎi shuǐchōng zú yīn cǐ yě hěn yuàn yì wèi
老猫奶水充足，因此也很愿意喂

yǎng xiǎo tù zi jiù zhè yàng xiǎo tù zi chī zhe lǎo māo
养小兔子。就这样，小兔子吃着老猫

de nǎi shuǐ màn màn zhǎng dà le tā liǎ guān xì hěn hǎo
的奶水慢慢长大了。它俩关系很好，

shuì jiào yě yào bào zài yī qǐ gèng yǒu yì si de shì
睡觉也要抱在一起。更有意思的是，

lǎo māo hái jiāo huì le xiǎo tù gēn gǒu dǎ jià yī dàn yǒu
老猫还教会了小兔跟狗打架。一旦有

解释兔子
吃猫奶的原因
和它们之间的
关系。

写出了小兔子学猫跟狗打架的动作，表现出小兔子的勇敢可爱。

gǒu pǎo jìn wǒ men de yuàn zi li māo jiù pū shang qu zhuā
狗跑进我们的院子里，猫就扑上去抓

tā xiǎo tù zi yě gēn guo qu jǔ qǐ liǎng zhī qián zhuǎ
它。小兔子也跟过去，举起两只前爪，

cháo gǒu shēnshangfēngkuáng jī dǎ shùn jiān gǒu máo zhí fēi fù
朝狗身上疯狂击打，瞬间狗毛直飞。附

jìn de gǒu dōu hài pà wǒ jiā de lǎo māo hé zhè zhī chī māo
近的狗都害怕我家的老猫和这只吃猫

nǎi zhǎng dà de xiǎo tù
奶长大的小兔。

小熊洗澡
xiǎo xióng xǐ zǎo

yī wèi wǒ men suǒ shú shí de liè rén zhèng yán zhe lín
一位我们所熟识的猎人正沿着林

zhōng xiǎo hé de àn biān zǒu tū rán tīng jiàn yī zhèn shù zhī
中小河的岸边走，突然听见一阵树枝

duàn liè de jù xiǎngshēng tā xià le yī tiào huāngmáng de
断裂的巨响声。他吓了一跳，慌忙地

pá shàng shù zhè shí yī zhī zōng sè de dà mǔ xióngcóng
爬上树。这时，一只棕色的大母熊从

shù lín li zǒu le chū lái liǎng zhī huó bèng luàn tiào de xiǎo
树林里走了出来，两只活蹦乱跳的小

xióng hé yī gè yī suì dà de xióng xiǎo huǒ zi zài hòu miàn gēn
熊和一个一岁大的熊小伙子在后面跟

zhe xióng xiǎo huǒ zi xiàn zài zàn shí chōngdāng liǎng xiōng dì de
着。熊小伙子现在暂时充当两兄弟的

bǎo mǔ xióng mā ma zuò le xià lái xióng xiǎo huǒ zi diāo
保姆。熊妈妈坐了下来。熊小伙子叼

zhù yī zhī xiǎo xióng de hòu bó gěng bǎ tā fàng dào hé li
住一只小熊的后脖颈，把它放到河里

说明熊的家庭温馨和睦，兄弟友爱。

洗澡。小熊放声尖叫，四脚不断挣扎着。然而熊小伙子却一直不放，把它浸在水里，直到洗得干干净净为止。

另一只小熊怕洗冷水澡，迅速地溜进树林里去了。熊小伙子追上去，打了它几巴掌，照样把它浸到水里洗澡。

突然，熊小伙子一不小心，把小熊掉在了水里。小熊吓得放声尖叫！这时，熊妈妈迅速跳下水，把小熊拖上了岸，接着狠狠地揍了熊小伙子一顿，打得它嗥起来。两只小熊上了岸，好像对洗澡挺满意。烈日炎炎，它们穿着厚厚的、毛烘烘的皮外套，实在是热，在冷水里洗个澡，真是凉快不少。洗完澡后，熊妈妈带着孩子们，又回到了树林里。于是，猎人也爬下了树，回家去了。

小熊不愿意洗澡，但是熊哥哥非得把它洗干净。

两只小熊虽然不愿意洗澡，但逼迫它们洗澡其实也是为它们好。

浆 果

说明夏季成熟的浆果种类非常多。

现在，各种各样的浆果成熟了。人们正在果园里采树莓、红醋栗、黑醋栗和酸栗。在树林里也能找到树莓。树莓是一种丛生的灌木。要是你走过一片树莓，碰断它干脆的茎是在所难免的，那时你就会听到脚底下发出一阵响。然而，这不会危害树莓的。现

树莓的生长特性就是夏天开花结果，冬天死亡。

在长着浆果的茎，只能活到冬天。看，无数新鲜的茎从地下根里钻出来了，这是它们的下一代。它们毛茸茸的，满身细刺。明年夏天，就轮到它们开花结果了。在灌木林和草墩旁，在伐木场的树墩旁，越橘快要成熟了，浆果的一面已经红艳艳的。越橘的浆果

一丛丛生长在茎梢上。有几棵越橘的浆果又大又沉，茎都被压得弯下来了，躺在了苔藓上。真想有这样一棵小灌木，栽培在自己的家里，看浆果会不会变得更大些。可是，目前人工栽培越橘的技术还没有成熟。越橘真是一种很有趣的浆果，它能保存一冬。吃的时候，只要用开水泡一下，或者研碎，浆液就会自动流出来。越橘为什么不会腐烂呢？原来它本身能防腐。

燕子姐姐和你一起分享

写出了越橘浆果的神奇特点。

73

tā nèi hán ān xī suān ān xī suān kě yǐ bì miǎn jiāng guǒ
它内含安息酸，安息酸可以避免浆果

fǔ làn
腐烂。

kě pà de huā
可怕的花

zài lín zhōng zhǎo zé dì de tiān kōng shang yǒu yì zhī
在林中沼泽地的天空上，有一只

wén zi fēi guò tā nǔ lì de fēi a fēi lèi le
蚊子飞过。它努力地飞啊飞，累了，

kǒu kě le tā fā xiàn le yì duǒ huā lǜ sè de jīng
口渴了。它发现了一朵花：绿色的茎，

jīng shang chēng zhe yì duǒ bái sè de zhōng xíng huā zài jīng xià
茎上撑着一朵白色的钟形花，在茎下

bian de zhōu wéi cóng shēng zhe yí piàn piàn yuán yuán de zǐ hóng sè
边的周围丛生着一片片圆圆的紫红色

xiǎo yè zi xiǎo yè zi máo róng róng de yì kē kē lù
小叶子。小叶子毛茸茸的，一颗颗露

zhū zài xì máo shang yì shǎn yì shǎn de
珠在细毛上一闪一闪的。

wén zi luò zài le yí piàn xiǎo yè zi shang yòng zuǐ
蚊子落在了一片小叶子上，用嘴

qù xī lù zhū kě shì lù zhū nián hū hū de jìng bǎ
去吸露珠。可是露珠黏糊糊的，竟把

wén zi de zuǐ zhān zhù le hū rán suǒ yǒu de xì máo
蚊子的嘴粘住了。忽然，所有的细毛

dōu rú dòng qǐ lai fǎng fú chù xū shì de shēn guo lai
都蠕动起来，仿佛触须似的伸过来，

zhuā zhù le wén zi xiǎo yuán yè zi hé lǒng le wén zi
抓住了蚊子。小圆叶子合拢了，蚊子

描写出毛毡苔的外貌特征，看起来纯洁无害。

发生了什么事，为什么花竟然动起来了？

被包在里面，消失了。等到叶子再次张开的时候，只剩下一张蚊子的空皮囊掉在地上，原来花儿吸干了蚊子身上的血。这真是一种可怕的花，它叫作毛毡苔。它会捉小虫吃。

沙锥和孵出的小鸟

小鸹鹬刚钻出蛋壳时，嘴上有一个白色的小疙瘩，叫作"凿蛋壳齿"。小鸹鹬钻出蛋壳时，就是靠这颗牙齿凿破蛋壳的。小鸹鹬长大后，会变成很凶残的猛禽，是啮齿动物的噩梦。但是，它现在还是很可爱的小家伙，全身毛茸茸的，眼睛眯成了一条缝。它非常虚弱，一刻也离不开爸爸妈妈。要是爸爸妈妈不给它喂食，它一

小沙锥刚出生时就已经很健壮了。

定会饿死的。在这类小鸟中，有些小家伙是很健壮的，它们一出壳，就可以站起来了。它们可以自己去觅食，不怕水，遇见敌人会聪明地躲起来。看！这是两只小沙锥。它们刚钻出蛋壳才一天，就已经自己出去找蚯蚓吃了。为了让小沙锥在蛋壳里长得健壮些，沙锥下的蛋很大。我们刚才说过的小山鹑，它一出世，就会撒腿奔跑了。还有一种名叫秋沙鸭的小野鸭。它一出生，就立刻跌跌撞撞地走到小河边，跳下水，开始游泳了。它会潜水，在水面上做各种动作：伸懒腰、欠身，就像一只大野鸭

秋沙鸭刚出生就会游泳，是天生的游泳健将。

一样。旋木雀的孩子很娇气。它要在巢里待整整两个星期，才飞出来，坐在树墩上。它看起来一副不高兴的样

子，因为妈妈好长时间没给它喂食了。它出生已经快三个星期了，可还总是吱吱地叫着，要妈妈喂它青虫和别的食物吃。

水下战斗

和生活在陆地上的孩子一样，在水底下生活的孩子也喜欢打架。两只小青蛙跳进池塘，看见模样奇怪的蜓螈躺在里面。蜓螈的身子细长，脑袋很大，四条腿很短。"真是个可笑的怪物呀！"小青蛙心想，"应该和它战斗一场！"于是，一只小青蛙咬住了蜓螈的尾巴，另一只小青蛙咬住它的右前脚。两只小青蛙用力一拉，蜓螈的尾巴和右前脚就到了小青蛙的嘴

简单描写出蜓螈奇怪的外貌。

蝾螈的尾巴和脚爪竟然长错位了，这是怎么回事？

里，蝾螈吓得逃走了。过了几天，在水下，小青蛙又碰到这只小蝾螈。它已经变成了真正的怪物：在长尾巴的地方，却长出一只脚爪；在扯断了的右前脚的地方，却长出一条尾巴。蜥蜴也有这样的本领：尾巴断了，能再长出一条尾巴；脚断了，能再长出一只脚。可蝾螈在这方面的本领，比蜥蜴还厉害。但是，它们有时糊里糊涂的，在断了肢体的地方，会长出奇怪的东西。

水帮助播种

一句话开门见山交代本文主要内容。

我给你们讲讲小植物景天开花时的样子吧！我很喜欢这种小植物，最喜欢它那厚实饱满的灰绿色小叶子。

小叶子密集地生在茎上，遮住了茎。

景天的花也很漂亮，像一颗鲜艳的小

五角星。不过，现在景天的花已经凋

谢了，结了果实。果实也是一个个扁

扁的小五角星，它们闭拢着，但这并

不代表果子没有成熟。在有阳光的时

候，景天的果实一直是闭拢的。现在，

我只要从水塘里打点水，只要一滴水，

就可以迫使它们张开来。看，水滴刚

好滴在小星星的中间。这样

我的目的实现了：果实的

叶子张开了。

看，种子露出

景天的果实像花那样是五角星形的，在阳光下闭拢着。

说明其他许多植物的种子都是怕水的，而景天的种子不怕水。

来了。景天的种子不像其他许多植物的种子那样躲避水，相反，它们迎着水冲了上来。如果再滴上两滴水，种子会顺着水淌下来。水帮助景天传播种子，把种子带到其他地方。我见过一棵长在悬崖的岩石缝里的景天。是顺着石壁往下流的雨水，把景天的种子带到那儿播种的。

夏日夜晚的笑声

表现出笑声的诡异，设置悬念。

夏日的夜晚，四周一片寂静，森林里总会突然传出几声怪笑，让人觉得诡异，头皮发麻。

用"绿灯"来比喻眼睛，体现出它的特点。

这时，有一个闷闷的声音从屋顶传来，似乎在提醒大家："快走！快走！"

突然，你会在黑夜中看到两盏圆

溜溜的绿灯，其实这是一双眼睛，绿灯突然开始移动，你仿佛看到一个黑影从你的身边擦过，耳边还回荡着"哈哈哈"的笑声。

这个喜欢在深夜出来吓人的动物叫作猫头鹰，而那个在屋顶提醒人快走的动物叫鹎鸟。

最后揭示这两种动物分别是什么。

小矶凫学习游泳

我到湖里去游泳，看见一只矶凫在教它的孩子们游泳，教它们怎样躲避人。大矶凫像只船似的漂浮在水面，小矶凫在潜水。小矶凫钻进了水里，大矶凫就在那里做警卫。最后，它们在芦苇旁钻出了水面，游到芦苇丛里去了。于是我开始游泳了。

小矶凫学习游泳时，大矶凫会在旁边保驾护航。

雌雄颠倒

来自疆域辽阔的祖国各地的人们给我们写信，说他们见到了一种稀奇的小鸟。在莫斯科周围，在卡马河畔，在波罗的海，在亚库金，在哈萨克斯坦，这些地方都有人见过这种鸟。这种鸟可爱、漂亮，和城里卖给年轻的钓鱼迷们的那种色彩艳丽的浮漂很相似。它们信任人类，就算人离它们只有五步距离，它们也照样会在离你最近的岸边游玩，没有一丝怕意。现在，其他的鸟都待在巢里孵小鸟，或者喂养雏鸟，而这些鸟则聚在一起，到处旅游。让人好奇的是，这些色彩艳丽的漂亮小鸟，竟都是雌的。其他的鸟

说明这种鸟的生活区域很广泛。

这种鸟的奇特之处在于，雌鸟比雄鸟更加艳丽漂亮。

都是雄的比雌的漂亮艳丽，它们却恰恰相反：雄的灰灰的，雌的色彩缤纷。让人更奇怪的是，这些雌鸟压根不关心自己的孩子。在遥远的北方冻原带上，雌鸟在小沙坑里产完蛋，就远走高飞了！雄鸟则待在那里孵蛋，喂养小鸟，保护小鸟。真是雌雄颠倒啊！这种小鸟名叫鳍鹬，属于鹬的一种。这种鸟到处可见，它们每天都在飞翔，一下子在这儿，一下子又在那儿。

别的鸟都是雌鸟负责孵蛋，而鳍鹬却完全相反。

夏末的铃兰

八月五日，我们小河边的花圃里，种植了铃兰。这种五月盛开的花朵，它还有个拉丁文名字，叫作"空谷百合"，是伟大的科学家林内取的名。在

铃兰在五月开花，别名叫作"空谷百合"。

一系列的排比句，描绘出铃兰的美丽动人，表达了"我"对铃兰的喜爱之情。

所有花中，我最喜爱铃兰。我爱它那小铃铛一样的花朵，细瓷般洁白素静；爱它那富于弹性的绿茎；爱它那清凉湿润的细长叶子；爱它那特别的清香！在我看来，整朵花都是那么清纯和有朝气！春天，清晨我过河去采铃兰花，每天带回一束养在水里，这样，屋子里整天都散发着铃兰花的幽香。

在列宁格勒周围，铃兰是在七月份开花的。这个时候，正是夏末。

铃兰给我带来了意料之外的惊喜。我不经意间发现，在它们宽大的、

末端尖尖的叶子底下，长出了一个淡红色的小东西。我趴在地上，拨开叶子一看，看到里面长着一颗颗略带椭圆形的橘红色的坚硬小果子。它们和花儿一样漂亮，好像在请求我把它们做成耳环，送给我的女朋友。

简单描写出铃兰的小果子的形状和颜色。

蔚蓝和翠绿

八月二十日，我起来得很早，向窗外一望，大吃一惊：青草完全变成了蔚蓝色，湛蓝湛蓝的！小草被沉重的露珠压弯了腰，全身晶莹透亮。如果你把白色和绿色这两种颜色混在一起，就会变成蔚蓝色。露珠抛撒在鲜绿色的青草上，使它染成了蔚蓝色。几条绿色的小径，穿过蔚蓝色的

解释了青草会变成蔚蓝色的原因，是色彩的混合。

草丛，从灌木丛一直延伸到板棚。所有的麦子都存放在板棚里。一群灰山鹑，在人们熟睡时，跑到村子里来偷吃麦子了。看，它们正在打麦场上呢！淡蓝色的山鹑，胸脯上有着棕色的马蹄形斑块。它们的小嘴"笃笃"地啄着，快乐地忙活着！在人们还没起床之前，它们得抓紧吃点东西。往远处，就在树林边上，还未收割的燕麦田里也是一片蔚蓝。一个猎人手里举着枪，在那里来回巡视。我想，他一定是在等琴鸡。琴鸡妈妈经常带着它的一窝小琴鸡走出树林，到麦田里来吃营养的食物。琴鸡从蔚蓝色燕麦田里跑过，麦田便变成了绿色，因为琴鸡的奔跑碰落了露水。猎人一直没有开枪，因为琴鸡妈妈带

86

着它那一窝小琴鸡，已经及时回到
树林里了。

奇特的小果实

菜地里生长着一种小草，它的果
实非常奇特，它的名字叫荷兰牻牛儿
苗。这种小草本身样子普通，毛糙不
堪。它开的紫红色花，也稀疏普通。
这时，一部分花已凋谢了，在每个谢
掉的花瓣上竖起一个鹳嘴似的小东西。

孩子姐姐 和你一起分享

小草和花都很普通，那果实又会有什么奇特之处呢？

原来每个"鹳嘴"，是五粒小尾巴长
在一起的小果实，这是荷兰牻牛儿苗
毛茸茸的、闻名遐迩的小果实，它们
极易被分开。它上面是尖尖的，下面
仿佛是一条尾巴。尾巴尖像镰刀一样
弯曲，底部呈螺旋形。这个螺旋受潮

孩子姐姐 伴你一起欣赏

闻名遐迩：
遐：远；迩：近。
形容名声很大，
远近都知道。

具体写出了果实受潮会伸直的特点。

这种果实对湿度的敏感特性可以被人们利用来显示空气湿度。

就会伸直。我把一粒小果实夹在两根手指中，吹一口气，它转动了，芒刺把手心挠得痒痒的。没错，它不是螺旋形的，已经伸直了。这种植物为什么要变这样的魔术呢？原来小果实在脱落的时候，戳在地上，用镰刀一样的尾巴尖钩住小草。在天气潮湿时，螺旋旋转起来，尖尖的小果实便旋进了土里。小果实已无路可走，于是它的芒刺往上戳，顶住泥土，不让它退出来。真是太神奇了！植物自己也能播种下一代。过去，人们利用荷兰牻牛儿苗的果实来测量空气的湿度，显然，这种果实的小尾巴是无比灵敏的。人们把小果实固定在一个地方，于是它的小尾巴就像湿度计上的"指针"，旋转着，显示出空气的湿度。

是不是小野鸭

我在河岸边走着，只见水面上有一种像野鸭又不像野鸭的小飞禽。这是什么动物呢？野鸭的嘴是扁扁的，可是它们的嘴却是尖尖的。我飞快地脱掉衣服，跳下水去追它们。它们害怕我，就游到了对岸。我追了过去，眼看就要追上了，它们却又往回逃了。我又追过去，它们又逃开了。它们一直这样逃来

燕子姐姐和你一起分享

它长得像野鸭，但嘴巴却跟野鸭不一样。

它们胆小怕人，而且很善于逃跑。

táo qù。wǒ lèi de chuǎn bu guò qì lai， zuì hòu hái shi
逃去。我累得喘不过气来，最后还是

méi yǒu dǎi zhù tā men hòu lái wǒ yòu jiàn guo tā men
没有逮住它们。后来，我又见过它们

hǎo jǐ cì dàn shì wǒ méi yǒu zài qù zhuī tā men
好几次，但是，我没有再去追它们。

yuán lái tā men bìng bù shì xiǎo yě yā ér shì xiǎo pì tī
原来它们并不是小野鸭，而是小䴙䴘。

集体农庄纪事
jí tǐ nóngzhuāng jì shì

一望无际：
际：边。一眼望
不到边。形容
非常辽阔。

zhuāng jia shōu huò de shí hou dào le wǒ men jí tǐ
庄稼收获的时候到了！我们集体

nóngzhuāng de hēi mài tián hé xiǎo mài tián li zhǎng zhe yī
农庄的黑麦田和小麦田里，长着一

piàn piàn yī wàng wú jì de xiǎo mài mài suì zhǎng de fēi cháng
片片一望无际的小麦。麦穗长得非常

hǎo yǒu xù de shēngzhǎng zài nà lǐ měi yī kē mài suì
好，有序地生长在那里，每一棵麦穗

li dōu yǒu xǔ duō mài lì jí tǐ nóngzhuāng de zhuāng
里，都有许多麦粒。集体农庄的庄

yuán men de gōng zuò zuò de hěn dào wèi
员们的工作做得很到位！

zhè xiē mài lì bù jiǔ jiāng huì jí zài yī qǐ fàng
这些麦粒不久将汇集在一起，放

jìn guó jiā hé jí tǐ nóngzhuāng de liáng cāng yà má yě
进国家和集体农庄的粮仓。亚麻也

chéng shú le jí tǐ nóngzhuāng de zhuāngyuán menzhèng zài nóng
成熟了。集体农庄的庄员们正在农

tián li máng gè bù tíng ne yà má shì yòng jī qì bá de
田里忙个不停呢！亚麻是用机器拔的，

这样收起来快多了！女庄员们跟在拔麻机后面捆麻，把一排排倒下来的亚麻捆作一束束的。把十束合成一垛，亚麻堆成了垛。很快，亚麻田里仿佛排列着一队队驻守的士兵。山鹑只好拖家带口，从秋播的黑麦田搬到春播的田里去。集体农庄的庄员们正在收割黑麦呢！一排排饱满的麦穗，在割麦机的钢锯下弯下了腰。庄员们把麦子捆起来堆成了垛。这些麦垛竖在田里，像运动会开幕式上的一排排的运动员。菜地里，胡萝卜、甜菜和其他蔬菜也成熟了。集体农庄的庄员们把蔬菜通过火车站运进了城。这些天，城里的居民就能吃到新鲜美味的黄瓜，喝到用甜菜做的汤，吃到用胡萝卜做的馅饼了。集体农庄的孩子们

把收割下来的亚麻比喻成驻守的士兵，生动形象地写出亚麻排列整齐的画面。

用运动员比喻麦垛，显示出麦垛饱满结实，充满生机。

到树林里采蘑菇和成熟的树莓以及越橘。这些天，只要有榛子林的地方，就有一群群孩子。别想撵走他们，他们要采榛子，直到把口袋装得非常满。现在大人们无暇采榛子，他们要割麦、打麻，还要用速耕犁耕完所有的田和地，因为秋播的时节马上就要到来了。

树林和农庄一样，都迎来了大丰收。

躺在眼皮底下

一只大鹞鹰搜寻到一只琴鸡和一窝小黄琴鸡。它心想：哈哈，我有午餐吃了。它瞄准了目标，刚准备从高空扑下去，却被琴鸡发现了。琴鸡尖叫一声，一瞬间小琴鸡就都不见了。

琴鸡们到哪儿去了呢？难道凭空消失了吗？

鹞鹰到处张望，可是一只也没看到，

好像琴鸡钻进了地缝一样！鹞鹰只好

飞走找别的食物去了。这时，琴鸡又

尖叫一声，一群黄绒绒的小琴鸡在它

的附近出现了。其实它们只是身子紧

贴着地面。要不你试试，看是否能从

半空中区分开它们和树叶、青草以及

土块！

琴鸡有自己的天然保护色来进行伪装。

森林里的战争（续三）

我们的记者来到第三块采伐迹地。

十年前，林业工人们曾经在那里砍伐

过树木。现在这块地还在白杨和白桦

的掌控之中。胜利者们不放任何植物

进入自己的领地。每年春天，野草都

想从土里钻出来，但是它们很快就在

多阴的阔叶帐篷下窒息了。枞树每隔

表示第三块采伐迹地里长满了白杨和白桦，没有其他植物。

两三年就结一次种子，每次它都会派一支新的空降部队登陆采伐迹地。不过，那些枞树种子还没等钻出地面，就被小白桦和小白杨扼杀了。年幼的小白桦和小白杨不是一天一天地长高，而是一小时一小时地长高。它们紧挨着耸立在采伐地上。有一天，它们终于感到拥挤了，于是它们之间发生了争斗。每一棵小树都想给自己多抢一点空间。每一棵小树都努力长

燕子姐姐
和你一起分享

表现出小白桦和小白杨生长非常迅速。

宽，推挤着它的邻居。采伐迹地上的树木互相挤推着，一场混战。健壮的小树处于优势，因为它们的根更牢固，生长得更快。健壮的小树长高之后，就把它的树枝伸到旁边小树的头上，那些小树的阳光被挡住了。最后一批瘦弱的小树，没有阳光的照射，枯萎而死。就这样，矮小的野草终于有机会从土里钻出来了。然而，长高的小树已不怕它们了。就让小草在脚底下慢慢地挣扎吧！还可以帮它们取暖呢！然而胜利者们自己的种子，却落在这个阴湿的地窖里，失去了生命。枞树还是每隔两三年就分配一支空降部队到这片杂草丛生的采伐迹地上，胜利者们根本没把这些小东西放在眼里。对胜利者来说，它们简直不

燕子姐姐和你一起分享

白桦和白杨长得太过拥挤，互相抢夺生长空间。

燕子姐姐和你一起分享

野草虽然对已经长大的白桦和白杨构不成威胁，但却扼杀了新种子的成长。

显出白桦
和白杨胜利之
后的狂妄自大。

值一提，就让它们在地窖里慢慢挣扎
吧！小枞树终于从地底下冒了出来。
在阴湿的地窖里，它们生活得很痛苦。
还好有一丝生存的光线。它们长得瘦
小纤弱。不过这也有好处，因为这里
没有风摇晃它们，把它们连根拔起。
　　每当暴风雨来临的时候，白桦和
白杨喘着粗气，被风吹得直弯腰，而
小枞树躲在地窖里很安全。这里非常
暖和，有足够的食物。小枞树不会受
到春季危险的早霜和冬季严寒的侵
袭。地窖里的环境，跟赤裸裸的采伐
迹地相比，大不一样。秋天，白桦和
白杨的落叶在地上腐烂了，散发出热
量，青草也散发出热气，只须耐心忍
受地窖里一年四季的阴暗。小枞树不
像小白桦和小白杨那样喜爱阳光。它

小枞树得
到了优厚的生
存条件，为以
后的成长打下
了基础。

们忍受着黑暗，不断地生长着。我们的记者很怜惜它们。接着，他们又来到第四块采伐迹地。我们在等待着他们的报道。

白杨和白桦茂盛的叶子遮盖着采伐迹地,小枞树在阴暗中成长着。

森林的朋友

在苏联进行反对德国法西斯侵略者的战争期间,森林被破坏得很严重。现在,各处林区都在积极重新造林。各中学的学生在这方面提供了很大帮助。要造一片新的松林,需要几百公斤的松子。三年来,孩子们总共收集了七吨半松子。而且他们还帮忙锄地、照料苗木、守护森林、避免火灾等。

表现出孩子们对植树造林的热忱和贡献。

大家都在劳动

早上，天刚有些亮，集体农庄庄员们就开始去农田里干活了。有大人的地方，就可以看到孩子们。在刈草场、农田里、菜地里，孩子们都在协助集体农庄的庄员们劳动。快看，孩子们扛着耙子走过来了！他们迅速把干草耙到一块，接着装上大车，送到集体农庄的干草棚里去。杂草让孩子们总是不停地忙着：孩子们经常会给亚麻田和马铃薯田拔除香蒲、滨藜和木贼等杂草。到了拔麻的季节，孩子们赶在拔麻机前面，来到亚麻地。他们拔掉了亚麻地四个角上的亚麻，这样拔麻机就更容易拐弯了。

在收割黑麦的田里，孩子们也在不停地忙活。麦子收完后，他们把掉到地上的麦穗捡起来，放到一起。

集体农庄新闻

麦田的消息传到了红星集体农场。麦子陈述说："我们生长得很好。麦粒成熟了，不久就会落下。不需要你们再照顾我们，也不用来看我们了。现在我们自己可以做好一切。"集体农庄的庄员们微笑道："似乎不是这么回事吧！不用来看你们？现在正是我们最忙的时候！"联合收割机开向了农田。联合收割机是干活的好帮手：它能割麦、磨麦和扬麦。当联合收割机开进麦田的时候，长得比人还高的

麦子成熟了，正是收割的时候，庄员们为丰收而忙碌着。

人们用联合收割机来收割麦田，快速又方便。

黑麦，在它离开麦田的时候，只留下低低的麦茬儿。联合收割机为集体农庄的庄员们准备好了干净的麦粒。庄员们晒干麦粒，装进麻袋，再上缴给国家。

变黄了的马铃薯田

《森林报》的记者来到了红旗集体农场。他发现这个集体农场有两块马铃薯田，有一块稍大些，是墨绿色的；另一块则小一些，已变黄了。这块田里的马铃薯茎叶也变黄了，好像活不久了。记者非常想调查清楚这件事。后来他寄来了以下报道："昨天，有一只公鸡跑到变黄的田里。它刨松土，唤来了许多母鸡，叫它们吃新鲜

对比显出两块马铃薯田的不同。

的马铃薯。一位女庄员刚好路过，看见后笑了起来，对女伴说：'你看！公鸡是第一个来收获我们早熟的马铃薯的。可能它已经知道我们明天就要刨开马铃薯了吧！'由此可知，茎叶变黄的马铃薯，原来是早熟的马铃薯。它成熟了，因此它的茎叶变黄了。而那一大块深绿色的田里，生长的是晚熟的马铃薯。"

解释了两块马铃薯田长势不同的原因。

森林短讯

集体农庄的树林里，从土里钻出

了第一只卷边乳菇。它是那么结实，那么肥厚。卷边乳菇的帽子上有个小坑，周边是湿漉漉的穗子。在上面有许多松针依附着。卷边乳菇附近的土稍微有些隆起。如果把这块土挖开，就可以找到许许多多大小不一、形状各异的卷边乳菇！

卷边乳菇并不是一只一只单独生长的，而是一丛一丛生长的。

带上助手

猎人总是带着大角枭，去打白天出现的猛禽。首先，他把木杆插在小丘的某个地方，然后，在木杆上安一根横木；在离木杆几步距离的位置，先插上一棵枯树，再在树旁搭个小棚子。第二天清早，猎人带着大角枭来到这里，把它系在木杆的横木上，然

猎人打猎之前的准备工作。

后自己躲在小棚子里。不久，老鹰或者鸢看见这个恐怖的东西，就会向它扑过来。大家想报复一下大角鸮这个夜间大盗。它们向大角鸮一次次地扑过来，接着落在枯树上，朝这个强盗大声地尖叫。被绑着的大角鸮，吓得全身发抖，眼睛一眨一眨的，嘴巴张开着，对猛禽束手无策。无比愤怒的猛禽没有留意小棚子的存在。这时，你只管开枪射击吧！

燕子姐姐伴你一起欣赏

束手无策：策：办法。遇到问题，就像手被捆住一样，一点办法也没有。

捕杀猛禽

捕杀有害的猛禽，一年四季里都可以进行。打猛禽的方法很多。最简便的方法是在巢旁打猛禽。不过，这很危险。为了保护自己的孩子，高大

燕子姐姐和你一起分享

引起读者阅读兴趣，引出下文。

的猛禽会吼叫着向人直扑过来。一定要在离它很近的地方开枪。枪法要既快又准，否则你的眼睛可就要遭殃了。

不过，找到它们的巢不是一件容易的事。雕、老鹰和游隼都把住房搭在极其险峻的悬崖上，或者茂密的大树上。大角枭和大鸦鹰在岩石上，或者在茂密的树林里的地上搭巢。

不同的猛禽会在不同的地方筑巢。

偷袭

雕和老鹰喜欢停留在干草垛上、白柳树上或者单独屹立着的枯树枝上来寻找猎物。人们无法靠近它们。一定得实施偷袭才行，从灌木丛或者石头后面偷偷地靠过去。一定要用远射程的步枪和小子弹来打。

简单介绍如何才能猎取雕和老鹰。

允许打猎了

七月底起，猎人们就迫不及待了，雏鸟都长大了，不过州执行委员会还没有确定今年允许打猎的日期。这一天终于到了。报上说，今年从八月六日起允许在树林里和沼泽地打鸟兽。每个猎人早已装好了弹药，反复检查了猎枪。八月五日那天一下班，各个城市的火车站上到处都是扛枪、牵猎狗的猎人。火车站上有各种猎狗！有尾巴像鞭子那样直的短毛猎犬和无毛猎犬，它们的颜色也各有不同，有白色掺杂小黄斑点的，有黄色带白色斑点的，有棕色掺杂彩色斑点的，有白色为主，除了眼睛、耳朵，全身都带

迫不及待：
迫：紧急。急迫得不能等待。形容心情急切。

猎人们带来各种各样的猎狗，它们的长相各不相同。

有大黑斑的，有深咖啡色的，有浑身乌黑发亮的。有长毛、尾巴像羽毛一样的谍犬，它们的颜色主要是以白色为主，其中又分为夹杂着泛着青光的小黑斑点的和带大黑斑的。有浑身火黄的，浑身火红的，几乎是纯红色的长毛猎狗。还有高个猎犬：它们非常愚笨，反应迟钝，毛色黑黑的，夹带着黄色斑点。这些猎狗是为了夏天打猎、打刚离巢的野禽而喂养的，它们

都经过训练，只要闻到飞禽的气味，就会一动不动，等待主人过来。还有一种长毛、短腿和短尾巴的矮小的猎狗，它的长耳朵就要垂到地上，是一种西班牙狗。它不会给你指导方向，不过带着它在草丛里、芦苇里打野鸭，或是在茂密的树林里打琴鸡，那是很有用处的。这种狗会把飞禽从水里、芦苇丛里、茂密的灌木林里或者任何地方撵出来，还会衔来被打死或者受

燕子姐姐
和你一起分享

说明这种西班牙狗擅长追捕禽鸟。

伤的飞禽，交给主人。大部分猎人都乘近郊火车下乡，每个车厢都有。大家会观看他们漂亮的猎狗。车厢里的一切话题都和野味、猎狗、猎枪、打猎相关。猎人们都非常自豪，他们偶尔骄傲地望望这些没带猎枪和猎狗的"平常人"。在六日晚上和七日早晨的火车上，这些乘客又回来了。然而，不是所有的猎人都流露出胜利的表情，有些猎人则背着瘪塌塌的背包。"平常人"满带笑容地欢迎着这些不久前的打猎高手。"你们打的野味在什么地方？""野味留在林子里了。""飞到海上送命了。"然而，一阵低低的赞叹声欢迎着一个从小车站上来的猎人：他背着一个鼓鼓的背包。他不看任何人，只是自顾自地找座位，不久

表现出人们对打猎兴致高昂，猎人们充满了自信和自豪。

并不是每个猎人都能大获丰收，但他们都想维护自己的面子。

就有人给他让座了。

他自豪地坐了下来，不过他那视力好的邻座已经在向全车厢的人大声说："啊？你这野味为什么全是绿脚爪？"还毫不留情地掀开背包的一角。枞树的树梢儿露出来了。真是尴尬啊！

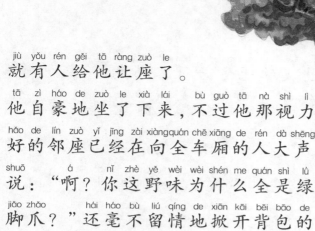

黑夜打猎

黑夜打猛禽是特别有意思的事。发现老雕和其他大猛禽飞去过夜的地方是很容易的。比如，在平整的地方，雕喜欢睡在单独的大树梢上。在一个漆黑的夜晚，猎人来到大树旁边。雕正在呼呼睡大觉，因此没有察觉到猎人已经走到了树下。于是，猎人打开预先充好电的强光灯手电筒，将耀眼的亮光向雕射去。雕被这道突然出现的亮光照醒了，眼睛眯着。它没有看见什么，什么也不明白，愣愣地坐在那儿发呆。猎人从树下向上望得一清二楚。他对准雕，开枪了。

姐姐和你一起分享

写出了雕猝不及防被袭击时傻愣愣的模样。

成群月(夏三月)
chéng qún yuè　　xià sān yuè

森林里的新习俗
sēn lín li de xīn xí sú

森林里的小鸟们已经长大了,钻出了鸟巢。春天里成双成对、住在固定地盘上的那些鸟儿,现在正带着它们的孩子,在树林里过起了游牧生活。森林里的居民们相互拜访。就算猛兽和猛禽,也不再严守自己觅食的地盘了。树林的野味很多,足够大家吃。貂、黄鼠狼和白鼬在树林里漫步。不管去哪里,它们都能轻而易举地找到食物:愚笨的小鸟、年幼的小兔、

孩子姐姐伴你一起欣赏

成双成对:配成一对,多指夫妻或情侣。

燕子姐姐伴你一起欣赏

轻而易举:很轻松很容易地举起来。形容做事情毫不费力。

粗心大意的小老鼠。一群群鸣禽在灌木和乔木间来回穿梭。群有群的规定：互相帮助，团结友善。不管是谁，先看见敌人，一定要尖叫一声，或者吹声口哨，提醒大家，好让大家逃离危险。要是有只鸟遇到危险，大家都要团结，大声尖叫，驱赶敌人。

鸟群中不管是谁发现了危险都会向整个族群报告。

无数双眼睛、无数只耳朵在注视着敌人，无数张尖嘴巴准备打退敌人的进攻。鸟群的小鸟队员越多越好。小鸟在鸟群里必须遵守如下规则：行为举止要模仿大鸟。

大鸟们不慌不忙地啄着麦粒，小鸟也要啄麦粒。大鸟们仰起头纹丝不动，小鸟也要仰起头学样子。大鸟们逃跑了，小鸟也要跟着跑。

一系列排比句，展现出小鸟向大鸟学习的认真态度。

鹤和琴鸡都有一个真正的教练场地，以便孩子们学习。琴鸡的教练场在树林里。小琴鸡聚在一起，观看琴鸡爸爸的行为举止。琴鸡爸爸咕噜咕噜叫，小琴鸡也学着咕噜咕噜叫。琴鸡爸爸"丘哎！丘哎"地叫，小琴鸡也细声细气地学着叫。不过现在琴鸡爸爸和春天时叫得不一样。在春天时，它似乎在叫："我要卖掉皮袄，我要买件外套！"现在似乎在叫："我要卖掉外套，我要买件皮袄！"小鹤排着队飞到了教练场上，它们正在学习飞行时怎样保持正确的三角形队形。

随着季节的改变，鸟的叫声也会相应地发生变化。

介绍了鹤群集体飞行时的规则。

用比喻的手法描绘出鹤群列队飞行的画面。

zhè shì yī dìng yào xué huì de　　yīn wèi zhè yàng cháng shí jiān
这是一定要学会的，因为这样长时间

fēi xíng cái bù huì hěn lèi　　lǎo hè de shēn tǐ zuì bàng
飞行才不会很累。老鹤的身体最棒，

fēi zài sān jiǎo xíng duì liè de zuì qián miàn　　zuò wéi quán duì
飞在三角形队列的最前面。作为全队

de duì zhǎng　　tā xū yào huā hěn dà de lì qi chōng pò qì
的队长，它需要花很大的力气冲破气

làng　　dāng tā fēi lèi shí　　jiù tuì dào duì wěi　　yóu lìng
浪。当它飞累时，就退到队尾，由另

yī zhī jiàn zhuàng de lǎo hè dài tì tā de wèi zhì　　xiǎo hè
一只健壮的老鹤代替它的位置。小鹤

gēn zhe lǐng tóu bīng fēi　　tóu wěi xiāng lián　　zhěng qí de shān
跟着领头兵飞，头尾相连，整齐地扇

dòng zhe chì bǎng　　shéi yào shi lì qi dà diǎn　　jiù zài qián
动着翅膀。谁要是力气大点，就在前

tou fēi　　shéi yào shi lì qi xiǎo xiē　　jiù zài hòu miàn gēn
头飞；谁要是力气小些，就在后面跟

zhe　　sān jiǎo xíng duì liè de jiān tóu chōng pò le yī gè gè
着。三角形队列的尖头冲破了一个个

qì làng　　jiù xiàng xiǎo chuán yòng chuán tóu pò làng qián jìn yī
气浪，就像小船用船头破浪前进一

bān　　gū ěr　　luo　　gū ěr　　luo　　zhè shì zài fā
般。咕尔，啰！咕尔，啰！这是在发

hào shī lìng　　tīng kǒu lìng　　fēi dào le　　yú shì
号施令："听口令，飞到了！"于是，

hè yī zhī jiē yī zhī de luò dào le dì shang　　zhè shì tián
鹤一只接一只地落到了地上。这是田

yě dāng zhōng de yī kuài kòng dì　　xiǎo hè zài zhè er liàn xí
野当中的一块空地，小鹤在这儿练习

tiào wǔ hé tǐ cāo　　yòu tiào yòu zhuàn　　gēn zhe xuán lǜ zuò
跳舞和体操：又跳又转，跟着旋律做

chū gè zhǒng líng qiǎo de dòng zuò　　tā men hái yào liàn xí zuì
出各种灵巧的动作。它们还要练习最

困难的一项：就是先用嘴叼一块小石子往上抛，再用嘴接住。它们时刻在为长途飞行做准备……

蜘蛛飞行员

如果没有翅膀，可以飞起来吗？得想办法呀！看，蜘蛛摇身一变，成了气球飞行员了。小蜘蛛从肚子里抽出了一根细蛛丝，挂到了灌木上。微风吹得细蛛丝来回摇晃，可怎么也吹不断它。细蛛丝和蚕丝一样坚韧。小蜘蛛站在地上，蜘蛛丝在树枝和地面之间飘着。小蜘蛛一直在抽丝。丝裹住了身体，小蜘蛛仿佛裹在蚕茧里一样，然而丝还在不停地抽出来。蜘蛛丝越抽越长，风刮大了。小蜘蛛用脚

描绘出小蜘蛛用一根细丝挂在灌木上荡秋千的有趣场景。

为小蜘蛛乘风飞行做铺垫。

爪牢牢地支撑在地面上。一、二、三，小蜘蛛迎风前进，咬断挂在树枝上的那头。一阵风刮着小蜘蛛离开了地面。它飞了起来！快点把缠在身上的丝解开！小气球升空了，在草地和灌木丛的上空飞翔着。飞行员心想：在哪儿降落好呢？经过树林和小河，继续往前飞！继续往前飞！看，谁家的小院？一群苍蝇正围绕在粪堆旁。好吧！在这里降落！

于是，飞行员把蜘蛛丝绕到自己身体底下，用小爪子把蜘蛛丝缠成了一个小团。小气球降低了。开始着陆！蜘蛛丝的一头挂在了草丛上，小蜘蛛落地了！它可以在这里过平静的日子了。许多小蜘蛛带着细丝在空中飞舞，这一般发生在秋天干燥晴朗的

小蜘蛛用自己的丝做了一个气球，借着风势飞了起来。

写出了小蜘蛛控制蜘蛛丝降落的画面。

rì zi li nóng mín men zhè shí jiù huì shuō xià lǎo
日子里。农民们这时就会说："夏老
fū rén lái le yīn wèi nà shì xià de yín fà zài
夫人来了！"因为，那是夏的银发在
kōng zhōng piāo wǔ
空中飘舞。

gǒu xióng bèi xià sǐ le
狗熊被吓死了

yī tiān yè lǐ liè rén shēn yè cái zǒu chū sēn lín
一天夜里，猎人深夜才走出森林，
fǎn huí cūn zhuāng tā zǒu dào yàn mài tián biān fā xiàn mài
返回村庄。他走到燕麦田边，发现麦
dì li yǒu gè hēi yǐng zài shǎn dòng shén me dōng xi huì
地里有个黑影在闪动。什么东西？会
bu huì shì shēng kou zǒu dào le bù gāi qù de dì fang ne
不会是牲口走到了不该去的地方呢？

zǐ xì yī kàn tiān na jìng rán shì
仔细一看，天哪！竟然是
zhǐ dà gǒu xióng tā pā zài dì shang
只大狗熊。它趴在地上，
liǎng zhǐ qián zhǎng bào zhù
两只前掌抱住
yī shù mài suì bǎ
一束麦穗，把

设问句，
自问自答引起
读者阅读兴
趣，引出下文。

写出了狗熊吮吸麦穗时慵懒专注的情态。

mài suì yā zài shēn zi dǐ xia shǔn xī zhe tā lǎn sǎn de
麦穗压在身子底下吮吸着！它懒散地

pā zhe mǎn zú de zhí hēng hēng xiǎn rán tā jué de
趴着，满足得直哼哼。显然，它觉得

yàn mài jiāng de wèi dào hǎo jí le liè rén zhǐ dài le yī
燕麦浆的味道好极了。猎人只带了一

kē xiǎo xiàn dàn zhè shì yuán běn yòng lái dǎ niǎo de bù
颗小霰弹，这是原本用来打鸟的。不

guò tā shì gè yǒng gǎn de nián qīng rén tā jué de
过他是个勇敢的年轻人。他觉得：

hēi wú lùn néng bu néng dǎ zhòng xiān dǎ zài shuō jué
"嘿！无论能不能打中，先打再说。决

bù néng ràng gǒu xióng zāo tà jí tǐ nóngzhuāng de mài dì bù
不能让狗熊糟蹋集体农庄的麦地！不

dǎ tā tā shì bù huì lí kāi de tā zhuāngshàngxiàn
打它，它是不会离开的。"他装上霰

dàn pā de yī qiāng shēng yīn zhèng hǎo zài dà xióng
弹，"啪"的一枪，声音正好在大熊

de ěr duo biān zhà xiǎng zhè yì liào zhī wài de xiǎngshēng xià
的耳朵边炸响。这意料之外的响声吓

le gǒu xióng yī dà tiào mài tián biānshang yǒu yī cóng guàn mù
了狗熊一大跳。麦田边上有一丛灌木，

gǒu xióngxiàng yī zhī fēi niǎo yī yàng yuè le guò qù tā shuāi
狗熊像一只飞鸟一样跃了过去。它摔

le gè dà gēn tou yòu pá qǐ lai jì xù wǎng sēn lín
了个大跟头，又爬起来，继续往森林

li pǎo liè rén jiàn gǒu xióng de dǎn zi rú cǐ xiǎo bù
里跑。猎人见狗熊的胆子如此小，不

jīn xiào le qǐ lái yú shì tā yě huí jiā le dì èr
禁笑了起来，于是他也回家了。第二

tiān tā jué de yīng gāi qù kàn yī kàn tián li de yàn mài
天，他觉得应该去看一看田里的燕麦

dào dǐ bèi gǒu xióng zāo tà le duō shao yú shì tā lái
到底被狗熊糟蹋了多少。于是，他来

生动形象地写出了狗熊被吓一大跳，狼狈逃窜的画面。

dào zuó wǎn nà ge mài tián　　kàn dào xióng fèn　yī zhí yán shēn
到昨晚那个麦田，看到熊粪一直延伸

dào le sēn lín li　　zhè shì yīn wèi zuó tiān gǒu xióng bèi xià
到了森林里，这是因为昨天狗熊被吓

de lā dù zi le　　tā yán zhe hén jì zǒu guo qu　　jìng
得拉肚子了！他沿着痕迹走过去，竟

fā xiàn gǒu xióng tǎng zài nà er sǐ diào le　　qí guài　tā
发现狗熊躺在那儿死掉了！奇怪，它

jìng rán bèi yì wài de xiǎngshēng xià sǐ le　　　gǒu xióng shì sēn
竟然被意外的响声吓死了。狗熊是森

lín li zuì qiáng hàn　　zuì kě pà de yě shòu　kàn lái yě
林里最强悍、最可怕的野兽，看来也

zhǐ shì làng dé xū míng bà le
只是浪得虚名罢了！

浪得虚名：
虽然名气很好，
很响亮，但实际
不具备这些的
名声与能力，所
以只得个虚名
气而没有实力。

yī zhī shān yáng jìng rán kěn diào le
一只山羊竟然啃掉了
yī piàn shù lín
一片树林

tīng qi lai zhēn kě xiào　　zhēn de　　yī zhī shān yáng
听起来真可笑，真的，一只山羊

kěn diào le yī piàn shù lín　　zhè zhī shān yáng shì hù lín yuán
啃掉了一片树林。这只山羊是护林员

mǎi de　　tā bǎ tā dài huí shù lín li　　shuān zài cǎo dì
买的。他把它带回树林里，拴在草地

de yī jié shù zhuāngshang　　bàn yè li　　shān yáng zhèng tuō
的一截树桩上。半夜里，山羊挣脱

shéng zi　　táo zǒu le　　fù jìn quán shì shù mù　tā huì
绳子，逃走了。附近全是树木。它会

qù nǎ lǐ ne　　hái hǎo zhōu wéi méi yǒu láng　　hù lín yuán
去哪里呢？还好周围没有狼。护林员

不可思议
的事件，引起
读者阅读兴
趣，引出下文。

找了整整三天，也没找到。第四天，它自己回来了，"咩咩咩"地叫着，似乎在说："我回来了！"夜晚，附近的一个护林员跑来说，这只山羊把他那个地段上所有的树苗都吃光了，啃掉了整整一片树林！小树苗完全没有防御能力，任凭牲口把它连根拔起吃掉。山羊爱吃细小的松树苗。它们仿佛小棕榈一样，模样生得英俊，下面是细细的小红柄，上面是扇形的柔软的绿针叶。可能山羊认为它们是最美味的吧！山羊不敢招惹大松树，它怕被刺得鲜血淋漓！

原来山羊啃掉了一片树苗，这是还没长大的树林。

描写出松树苗稚嫩柔弱的外表。

齐心赶走猫头鹰

森林里，篱莺正不停地往返在每

棵树之间。它们这是在做什么？原来它们正在找食呢，树叶后面，树缝里和树皮上面的虫子都是它们的食物。

一只篱莺往林子深处飞去，想看看那里是否有食物。它发现了一棵粗大的树桩子，树桩子上面有一簇奇怪的木耳。篱莺飞了过去，想在里面找找。

这时，木耳动了，里面露出一双眼睛，恶狠狠地望着篱莺。

篱莺这才发现对方是一只猫头鹰，它害怕地大叫起来："啾咿，啾咿！"

篱莺们都聚过来一起尖叫，但猫头鹰无所畏惧，张大嘴巴四处寻找食物。

这时，篱莺的叫声将林中的其他鸟唤来了。黄脑袋的戴菊鸟从高大的

云杉上飞下来，蓝色翅膀的松鸦从林子的另一端赶来，山雀从灌木丛中蹦了出来。

燕子姐姐和你一起分享

鸟儿们齐心协力赶走了猫头鹰。

猫头鹰见对方来了这么多鸟，心里有些畏惧，最终拍着翅膀逃走了。

不放心的松鸦一直跟在猫头鹰的后面，直到猫头鹰离开森林才罢休。

被赶走的猫头鹰一时半会儿不敢再来了，森林里的鸟儿可以睡一个安稳觉了。

草莓成熟了

燕子姐姐和你一起分享

鸟儿们可以帮助草莓传播种子。

生长在森林边上的草莓变红了。鸟儿找到红色的草莓果，衔着飞走了。它们将草莓的种子播撒到远方。不过有一些草莓的后代还是生长在原地，和母亲长在一起。看，在这棵草莓旁，已经长出了匍匐的藤蔓。一簇丛生的小叶子和根的胚芽，生长在藤蔓梢上。旁边又是一棵。在同一棵藤蔓上，竟长着三簇丛生的小叶子。第一棵小植株已扎下了根，另两棵的梢头还未长好。藤蔓从母本植株向周围延伸开去。必须要在野草稀疏的地方找，才能找到上一年出生的子女的母本植株。就像这一棵，中间是母本植株，孩子们包围着它，一共有三圈，每一圈有五棵。草莓就是这样一圈圈地延伸扩展，占领土地的。

shí yòng mó gu
食用蘑菇

燕子姐姐和你一起分享

雨水的滋润可以促进蘑菇的生长。

下过雨后，蘑菇又出现了。在松林里生长的白蘑菇（学名叫美味牛肝菌）是最好的蘑菇。它长得又肥又厚实，帽子呈深栗色。它们散发出的香味非常迷人。林中道路两旁的低矮的草丛里生长着油菇，偶尔它会直接长在车辙里。它们小的时候像一只小绒球，样子很好看。好看是好看，不过却黏糊糊的，上面总是粘着枯树叶或是细草秆。松林中的草地上生长着松乳菇，颜色像火焰，老远就可以看见了。这种蘑菇实在是多！最大的和小碟子差不多大，帽子被虫子咬得都

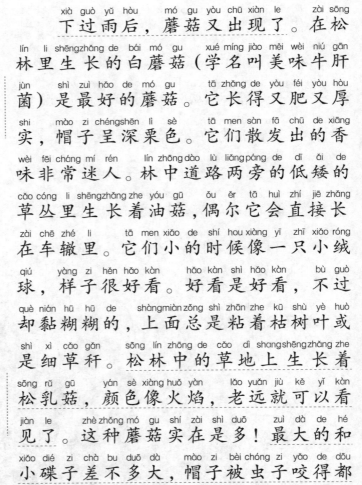

燕子姐姐和你一起分享

表现出松乳菇颜色独特醒目的特点。

是洞，变成了绿色的。中等大小，比分币稍大一点的蘑菇是最好的。这种蘑菇最厚实，它们的帽子中间是往下凹的，边沿卷起。

枞树林里的蘑菇也很多。白蘑菇和松乳菇生长在枞树下，不过和松林里生长的不同。白蘑菇长着淡黄色的帽子，柄更加细长。松乳菇跟松林里长得一点也不像，它们的帽子上面是蓝绿色的，伴有一圈一圈的纹理，就好像树桩上的年轮似的。在白桦树和白杨树下，生长着不同的蘑菇，所以，它们分别被叫作白桦菇和白杨菇，学名分别叫作棕帽牛肝菌和橙盖牛肝菌。在离白桦树很远的地方，也有白桦菇生长，白杨菇却必须紧靠着白杨树，因为它只能在白杨树的根上生

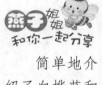

长。白杨菇的样子很好看，端雅大方，它的菇帽和菇柄就像雕琢的一样。

毒蘑菇

下过雨后，不少毒蘑菇也长出来了。食用菇通常以白色为主。但是，毒菇也有白色的。那你就要仔细观察了！这种白色的毒菇是最毒的一种。

与毒蛇来做对比，突出表现了毒蘑菇毒性之强。

吃一小块毒白菇（学名叫毒鹅膏），甚至比让毒蛇咬一口还可怕。它可以毒害人的性命。如果有人不小心吃了这种毒菇，恢复健康很难。

还好它很容易辨认。它和一切食用菇的区别是：它的柄好像是插在细颈的大花瓶里一样。据说，很容易把毒鹅膏跟香菇混淆，因为它们的菇帽都是白的。但是，香菇的柄样子很普通，不会被误认为是插在细颈的大花瓶里。毒鹅膏最像蛤蟆菌，有人还把它叫作白蛤蟆菌。如果用铅笔把它画下来，很难认出，是毒鹅膏还是蛤蟆菌。毒鹅膏跟蛤蟆菌一样，菇帽上有白色的碎片，菇柄上似乎戴着一条小领子一样。还有两种危险的毒菇，都容易被当成白蘑菇。这两种毒菇分别叫作胆菇和鬼菇。它们和白蘑菇的不

127

介绍了几种辨别胆菇、鬼菇和白蘑菇的简单方法。

同之处是：它们的菇帽背后，不像白蘑菇是白或淡黄色，而是粉红甚至是红色的。另外，如果把白蘑菇的菇帽掰碎，它还是白色的；如果把胆菇和鬼菇的菇帽掰碎，它们起初变成红色，然后又变成黑色。

新　湖

在列宁格勒，河流、湖泊和池塘非常多，因此夏天不会太热。不过在克里米边疆区，池塘稀少，根本就没有湖。仅有一条小河流经这里；然而一到夏天，连仅有的小河也干涸了，我们只要稍卷起点裤腿，就能赤脚走过河了。过去，我们集体农庄的果园和菜地，时常遭受旱灾。现在果园和

连仅有的一条小河的河水都很浅，说明这里非常缺水。

cài dì zài yě bù huì quē shuǐ le　　yīn wèi wǒ men de jí
菜地再也不会缺水了。因为我们的集

tǐ nóng zhuāng de zhuāng yuán men xīn wā le　yī gè shuǐ kù
体农庄的庄员们新挖了一个水库，

zhè shì yī gè jù dà de hú　　xù shuǐ liàng kě dá wǔ bǎi
这是一个巨大的湖，蓄水量可达五百

wàn lì fāng mǐ　　zhè ge hú de shuǐ zú gòu yòng lái jiāo guàn
万立方米。这个湖的水足够用来浇灌

wǒ men wǔ bǎi gōng qǐng de cài dì　　hái kě yǐ yǎng yú
我们五百公顷的菜地，还可以养鱼、

yǎng shuǐ qín
养水禽！

水库可以在多方面为人们做贡献。

wǒ men yào bāng zhù zào lín
我们要帮助造林

wǒ guó zhèng máng yú wěi dà de jiàn shè　zài fú ěr
我国正忙于伟大的建设。在伏尔

jiā hé　　dì niè bó hé hé ā mǔ hé shang　zhèng zài jiàn
加河、第聂伯河和阿姆河上，正在建

zào qián suǒ wèi yǒu de shuǐ diàn zhàn　　yòng yùn hé bǎ fú ěr
造前所未有的水电站；用运河把伏尔

jiā hé hé dùn hé lián jiē qǐ lai　　dào chù dōu zài zào bǎo
加河和顿河连接起来；到处都在造保

hù nóng tián miǎn shòu shā mò è fēng xí jī de sēn lín dài
护农田免受沙漠恶风袭击的森林带。

sū lián quán guó rén mín dōu cān jiā le gòng chǎn zhǔ yì jiàn shè
苏联全国人民都参加了共产主义建设。

shào xiān duì yuán hé xiǎo xué shēng　　yě xiǎng bāng zhù dà ren men
少先队员和小学生，也想帮助大人们

zuò zhè xiàng yǒu yì yì de shì yè　　měi yī wèi shào xiān duì
做这项有意义的事业。每一位少先队

前所未有：从来没有发生过的。

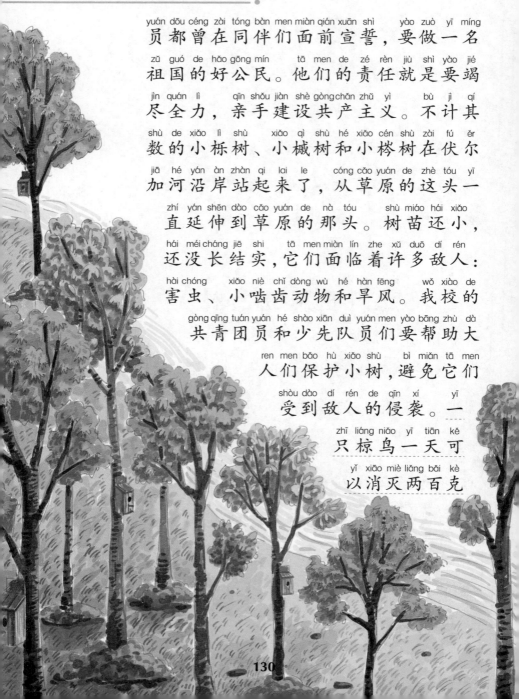

员都曾在同伴们面前宣誓，要做一名祖国的好公民。他们的责任就是要竭尽全力，亲手建设共产主义。不计其数的小栎树、小槭树和小梣树在伏尔加河沿岸站起来了，从草原的这头一直延伸到草原的那头。树苗还小，还没长结实，它们面临着许多敌人：害虫、小啮齿动物和旱风。我校的共青团员和少先队员们要帮助大人们保护小树，避免它们受到敌人的侵袭。一只椋鸟一天可以消灭两百克的蝗虫。如果这种鸟住在森林带附近，它们就会给森林造福。我们和乌斯契·库尔郡、普里斯坦等地的少先队员们一起，制作了350个椋鸟房，挂在了小树旁。金花鼠和其他啮齿动物给小树造成了很大的伤害。我们要和小朋友们一起消灭金花鼠：朝鼠洞里灌水，用捕鼠机抓住它们。我们要制作一批专门的捕鼠机。我们州的集体农庄将补种护田林带中未成活的小树，因此，他们需要大量的种子和树苗。今年夏天，我们将收集1000公斤种子。在乌斯契·库尔郡和普里斯坦，各学校将开辟苗圃，为护田林带培育栎树、槭树以及其他树苗。我们将和农村的小朋友们一起组织少先队员巡逻队，保护林带，让它们免受践

说明椋鸟是蝗虫的天敌，可以帮助人们保护森林。

"我们"对植树造林的规划充满了信心。

131

鼓励全国
的少先队员和
小学生都来参
与植树造林，
保护森林。

踏、损坏和火灾。所有这些都是我们少先队员应该做到的小事情。当然，要是苏联全国的少先队员和小学生都按照我们说的去做，我们祖国的造林任务将会进行得更加顺利。

机器种树

解释了使
用机器种树的
原因，说明机
器种树比人工
更迅速有效。

种植很多树，只靠双手那可行不通啊！幸好机器也能种树了。人类发明并制造了各种复杂巧妙的种树机。这些机器不但能播树木种子，还能种植苗木，甚至是种植大树。有专门种植森林带的机器，有专门在峡谷边上造林用的机器，有专门挖池塘的机器，有专门平整土地的机器，甚至还有专门照料苗木的机器呢！

白野鸭

在湖中央，降落了一群野鸭。我在岸边观察它们。我惊讶地发现，在这一群长着夏季羽毛的纯灰色雄野鸭和雌野鸭中，竟有一只浅颜色的野鸭。它一直待在野鸭群的中间。我拿起了望远镜，仔细地研究了一番。它从头到尾都是奶白色的。在早上灿烂的阳光的照射下，它竟变得雪白耀眼，在那一群深灰色的同类中，特别引人注目。它的其他方面和别的野鸭基本相同。在我五十年的狩猎生涯中，这是第一次看见这种患了白化病的野鸭。患这种病的鸟兽，血液里缺乏色素。它们通体雪白，或者颜色非常淡，一

说明白野鸭与众不同，在野鸭群中很是显眼。

解释这只野鸭全身雪白的原因。

生都是这样。它们失去了在自然界里具有救命功能的动物保护色，这种保护色可以使它们不至于太引人注目。

我很希望打到这只稀奇的野鸭。是什么奇迹，让它没有死在猛禽的利爪下呢？但是，现在打不到它，因为这群野鸭在湖心休息，为的是不让人走近开枪。我有些心神不安了，只得等待机会，等在岸边时碰到这只白野鸭。

我想不到，真有这样的机会。当我正

燕子姐姐
伴你一起欣赏

心神不安：
安：安定。心里烦躁，精神不安。

沿着狭窄水湾的岸边走时，几只野鸭从草丛里飞了出来，那只白野鸭也在内。我飞快地朝它射击。不过，就在开枪的那一瞬间，一只灰野鸭用身体挡住了白野鸭。灰野鸭被打中了，摔了下来。白野鸭和别的野鸭一起逃走了。这是偶然吗？是的！但是，那年夏天，我在湖中心和水湾里，还见过好几次这只白野鸭呢！它往往和几只灰野鸭一起走着，好像在它们的保护之下。普通灰野鸭会不由自主地

燕子姐姐和你一起分享

灰野鸭用自己的身体挡住了子弹，白野鸭和野鸭群一起逃走了。

和你一起分享

白野鸭一直处于灰野鸭的保护下，所以尽管显眼，它还是安全地活着。

bǎ liè rén de xiàn dàn xī yǐn dào zì jǐ shēnshang ràng bái
把猎人的霰弹吸引到自己身上，让白

yě yā zài tā men de bǎo hù xià ān quán de fēi zǒu wǒ
野鸭在它们的保护下安全地飞走。我

shǐ zhōng méi néng dǎ zháo tā zhè jiàn shì fā shēng zài wèi yú
始终没能打着它。这件事发生在位于

nuò fū gē nuò dé zhōu hé jiā lǐ níng zhōu de jiāo jiè chù de
诺夫戈诺德州和加里宁州的交界处的

pí luò sī hú shang
皮洛斯湖上。

yuán lín zhōu
园 林 周

和你一起分享

中部和北部的气候比较寒冷，南方地区比较温暖。

wǒ guó de gè gè chéng shì hé nóng cūn jué dìng měi
我国的各个城市和农村，决定每

nián jǔ bàn yī cì yuán lín zhōu zài zhōng bù hé běi bù gè
年举办一次园林周。在中部和北部各

zhōu shí yuè chū jǔ bàn zài nán fāng gè qū shí yī
州，十月初举办；在南方各区，十一

yuè chū jǔ bàn zài chóu bèi qìng zhù shí yuè gé mìng sān shí
月初举办。在筹备庆祝十月革命三十

zhōu nián de huó dòng shí jǔ bàn le dì yī jiè yuán lín zhōu
周年的活动时，举办了第一届园林周，

nà shí xīn kāi pì le shù qiān gè jí tǐ nóngzhuāng huā
那时，新开辟了数千个集体农庄花

yuán zài guó yíng nóng chǎng nóng yè jī qì zhàn xué
园。在国营农场、农业机器站、学

xiào yī yuàn děng jī guān de yuàn zi li zài gōng lù hé
校、医院等机关的院子里，在公路和

jiē dào liǎng páng zài jí tǐ nóngzhuāngzhuāngyuán gōng rén
街道两旁，在集体农庄庄员、工人

和职员的住房周围，新种植了几百万
棵果树。看，少年林业家和少年园艺
家为了迎接这个伟大的节日，献给国
家一份多好的礼物！在今年的园林周
前，国营苗木场已经准备好了几千万
棵苹果树和梨树的树苗，以及大量浆
果和观赏性植物的苗木。现在正是开
辟新花园的大好时机。

说明国家对园林周非常重视，准备的非常充分。

森林里的战争(续四)

以下是记者在第四块采伐迹地采
访到的新闻。大约三十年前，这片森
林被砍光了。瘦弱的小白桦和小白
杨，都死在了强壮的姐姐们手中。这
时，在丛林的下一层，只有枞树还活
着。当枞树在阴影里慢慢生长的时

小白桦和小白杨需要阳光才能成长，在大树的遮蔽下，只有小枞树能生长。

候，强壮的白桦和白杨树继续在上面互不相让。历史又重演了：一旦哪棵树比旁边的树生长得高一些，就成了胜利者，就无情地扼杀失败者，失败者枯萎而死。这样，阳光透过树叶帐篷顶上新出现的窟窿，像瀑布一样飞泻而下，进入地窖，直接落到了小枞树的头上。小枞树被吓得病倒了。

和你一起分享

树木间的斗争是残酷的，胜利者会抢夺更多的阳光。

要过一段时间，它们才会习惯阳光呢！它们慢慢恢复了健康，掉换了身上的针叶。这时，它们开始飞快地长高，敌人甚至都来不及补好头上的破帐篷。这些枞树是幸运的，最先生长到和高大的白桦、白杨一样高。其

和你一起分享

说明小枞树的成长速度非常快。

余结实多刺的枞树紧跟在后面，也把树梢尖伸到上头来了。胜利者白杨和白桦这才发现，它们让多么可怕的敌

人住进了自己的领地！记者亲眼见证了这场仇敌之间的惨烈战争。一阵阵强劲的秋风刮起了。秋风让挤成一团的树木焦虑不安起来。阔叶树扑向了枞树，用长手臂（树枝）拼命地鞭打敌人。就连平常说话颤抖的胆小鬼白杨，也挥舞起树枝，想跟黑黝黝的枞树战斗，扭断它们的针叶树枝。但是白杨是很差劲的战士。它们没有弹性，没有粗壮的手臂。结实的枞树根本不把它们放在眼里。白桦就不一样了。它们身体健壮，力大无比，柔韧性又好。就算风不大，它们那富于弹性的、弹簧一样的手臂，也会摆动起来。如果白桦摇晃身子，那周围的树可得小心了，因为它的拥抱实在太可怕了！白桦和枞树展开了肉搏战。白桦用柔

燕子姐姐和你一起分享

　　描绘出白杨树借助风势向枞树展开攻击的画面。

燕子姐姐和你一起分享

　　通过白杨树与白桦树的对比，显示出白桦树强大的优势。

显示出枞树不是白桦树的对手。

韧的树枝鞭打枞树，抽断了一簇簇的针叶。白桦一旦扭住枞树的针叶树枝，枞树的针叶就会干枯；白桦只要缠绕住枞树干，枞树的树梢就会枯萎。枞树可以击退白杨，却对抗不了白桦。

枞树本身很坚硬，不容易折断，却很难弯曲：它们不能用僵硬的针叶树枝去缠绕别的树。记者没有看到森林里的战争的最后结果。因为这种现象要

白桦树和小枞树的斗争是一个非常漫长的过程。

在这里住上很多年，才能看到。因此，他们前去寻找森林里那些战争已经结束了的地方。下一期的《森林报》，将报道他们在哪里找到了这样的地方。